国家自然科学基金项目（41561024）
陕西省普通高等学校优势学科建设项目（历史地理学，0602）
咸阳师范学院“青蓝人才”计划（XSYQL201508）
咸阳师范学院学术著作出版基金

黑河中游水资源利用管理中的公众参与和性别平等研究

郭玲霞／著

科学出版社
北京

内 容 简 介

本书以集成水资源管理理论为基础，系统阐述了黑河中游水资源利用管理中的公众参与和性别平等问题。第一章主要论述了水资源与可持续发展的关系；第二章阐述了集成水资源管理及其基本原则，重点论述了公众参与和性别平等原则；第三章梳理了黑河中游水资源利用管理的现状和问题；第四章分析了农民对水资源利用管理的认知—态度—响应关系及其影响因素；第五章从农户作物选择入手，探讨了农民对不同水资源配置情景的响应机制；第六章基于性别平等理论，分析了家庭生产、生活及社区水资源利用管理中的性别差异、地位和作用；第七章从妇女与发展视角研究妇女在农村水资源管理中的参与现状和影响因素；第八章对两个典型村落进行参与式农村评估和研究，以水资源为主线，分析了目前社区发展的现状问题，自下而上提出了水资源可持续利用管理的对策建议。

本书可供水资源管理相关学科的学者及本科生、研究生阅读和参考。

图书在版编目(CIP)数据

黑河中游水资源利用管理中的公众参与和性别平等研究 / 郭玲霞著.—北京：科学出版社，2016.10

ISBN 978-7-03-050242-1

Ⅰ. ①黑…　Ⅱ. ①郭…　Ⅲ. ①黑河-中游-水资源利用 ②黑河-中游-水资源管理　Ⅳ. ①TV213

中国版本图书馆 CIP 数据核字（2016）第 253385 号

责任编辑：陈　亮　范鹏伟 / 责任校对：于佳悦

责任印制：张　倩 / 封面设计：黄华斌

编辑部电话：010-64026975

E-mail:chenliang@mail. sciencep.com

科学出版社 出版

北京东黄城根北街 16 号

邮政编码：100717

http://www.sciencep.com

三河市骏杰印刷有限公司 印刷

科学出版社发行　各地新华书店经销

*

2016 年 10 月第　一　版　开本：720 × 1000　1/16

2016 年 10 月第一次印刷　印张：12 1/2　插页：1

字数：220 000

定价：72.00元

（如有印装质量问题，我社负责调换）

前　言

集成水资源管理是一个促进地区水、土地及相关资源协调发展和管理的过程，该过程不仅强调当地居民的经济和社会福利最大化，而且要确保社会的公平和可持续性。对“集成水资源管理”最初的理解，是一种多目标、多层次、多手段、多尺度的水资源管理方式。随着学习的不断深入，认识到集成管理不只是一种手段，更是一种理念，是可持续发展理念在水资源领域的体现。它强调结果的高效，更强调过程的公平性和可持续性。其具有系统性和包容性，集成水资源管理的最佳尺度是流域，因为流域是一个相对完整的水资源系统。集成管理旨在尽力解决一切与水有关的自然、社会、经济问题。在集成水资源管理的四个原则中，公众参与和妇女参与原则是在强调人的作用，公众既是水资源利用主体，也是受益主体，因此，公众公平、广泛地参与水资源管理，不仅是提高水资源管理效率的必然选择，更是实现水资源公平可持续利用的重要途径。妇女在家庭水资源、家庭卫生、资源环境保护和家庭环境教育中具有主导作用，是水资源可持续利用不可或缺的部分，而这些方面在传统的水资源管理理念中关注比较少。

黑河流域地处西北内陆，气候干旱，水资源短缺，生态环境脆弱。中游与下游、生产与生态用水矛盾突出。中游水资源短缺，但高耗水的灌溉农业却是其主导产业。水资源是生态、经济和社会矛盾的焦点，在中游地区表现得尤为突出。因此，集成管理是黑河流域水资源利用管理的必然之路。从流域分水计划，到节水型社会建设，再到生态文明建设试点区域，集成管理理念一直贯穿于黑河中游水资源利用管理实践中。

面对集成水资源管理丰富的内涵，笔者唯恐理解不够全面，不够透彻，谨以“公众参与”和“妇女参与”这两个原则作为抓手，进行自下而上的研究。从 2008 年开始，笔者多次赴黑河中游调查，以学习者的身份深入农户，倾听他们的声音，共同探讨困扰生产生活的水资源问题，了解他们的美好愿景。农民见证了当地的环境变化、经济发展和社会变迁，在水资源利用方面，具有最接地气的知识和丰富的经验。当地农民发现，渠系衬砌提高了水资源利用效率，减少了下渗，但导致了渠系附近大量杨树死亡。有些农民指出，向下游额济纳旗分水他们都能理解，但是，分水的时间正好是他们需要灌溉的时间，遇上“卡脖子”旱，就特别艰难。家里有了自来水，就很幸福。如何解决制约社区发展的这些问题，当地农民提出了很多有道理的建议，给了笔者很多启示。由此，笔者深刻认识到了农民是节水型社会的突破口，农民的水资源知识、经验、意识、行为对于水资源利用和管理具有重要意义。

“一带一路”发展战略是黑河中游地区又一次难得的发展机遇，社会经济迅猛发展、城市化进程加快、生态环境治理和保护等对水资源提出了新的挑战。值此之际，希望近年来积累的研究成果，能够为新时期的黑河中游水资源利用管理和区域可持续发展提供基础资料。

西北师范大学张勃教授和中国科学院西北生态环境资源研究院徐中民研究员对研究给予了大力支持和悉心指导，在此深表感谢！本研究涉及大量的野外调查，特别感谢钟方雷、杜鹏、李玉文、刘玉卿、戴声佩、王亚敏、赵一飞博士及马中华、王强、王兴梅、孙力炜、何旭强在野外调查中给予的帮助。同时，还要感谢咸阳师范学院的领导和同事们，他们对本书的出版给予了大力支持和帮助。科学出版社范鹏伟先生对本书出版付出了很多努力，在此表示诚挚的感谢。

笔者学术水平有限，书中难免存在疏漏之处，恳请各位同仁和读者批评指正。

郭玲霞

2016年8月

目　录

1 绪 论

1.1 水资源

1.1.1 水资源及其特性

对水资源的理解，有很多不同的视角。一般意义上的水资源是指流域水循环中能够为生态环境和人类社会所利用的淡水，其补给来源主要为大气降水，赋存形式为地表水、地下水和土壤水，可通过水循环逐年得到更新（中国工程院“21世纪中国可持续发展水资源战略研究”项目组，2000）。《中国资源科学百科全书》中指出，水是人类从事生产活动的重要资源，又是自然环境的重要因素。它不同于土地资源和矿产资源，有其独特的性质，只有充分了解它的特性，才能合理、有效地利用，防止因水资源过量利用而造成地表、地下水体枯竭（陈志凯，2004）。刘昌明院士（2003）则认为，水资源包括水量与水质两个方面，是指某一流域或区域水环境在一定的经济技术条件下，支持人类的社会经济活动，并参与自然界的水分循环，维持环境生态平衡的可直接或间接利用的资源。狭义的水资源则专指满足人类某种使用功能的、具有一定质量的水量资源；以每年可更新的满足最低水资源功能需求的水资源量来衡量。从广义上讲，它包括直接或间接满足人类社会存在、发展需要的，维持流域或区域生态环境系统结构和功能的，具有一定质量的水量资源和水体所含的位能资源。

综上所述，水资源是可被人类利用、能够满足人类需求、具有生态系统服务功能的重要自然资源，具有以下基本性质。

1. 循环性

水资源是自然界最基本而又最活跃的因素。大气降水经过地表径流形成地表水资源，下渗形成土壤与地下水资源，由植物吸收形成植物水资源。通过水循环，实现了陆地水和海洋水，固态、液态和气态之间的转换。

2. 不可替代性

水资源是人类及其他一切生物生存的必要条件和基础物质，是国民经济建设和社会发展不可缺少的资源。一个人每天需摄入 2L，水在人体中储量最多，约为体重的 2/3；水是一切植物生存生长进行光合作用和输入营养物质的要素；水是农业生产的命脉，是工业生产不可缺少的原料、溶剂、交换介质，因此，是人类生存和生产生活的必需品。

3. 多功能性

水资源是支撑国民经济发展的先导资源，国民经济各产业和城乡居民生活离不开水。同时，水资源也是生态环境的基本要素，是生态环境系统结构与功能的组成部分，具有特殊的生态系统服务功能。

4. 有限性

地球上淡水总量有限，可供利用的水资源量更少。此外，在气候因素的影响下，水资源年内年际变化不规律，时空分布不均。因此，在干旱地区，水资源短缺是威胁人类生存、制约社会经济发展的瓶颈。

5. 双重性

充足的水资源是社会经济发展的前提和基础，在当今世界，水资源已成为国家综合国力的重要组成部分，人均年耗水量是衡量一个国家经济发展程度的重要标志。而水资源过多或过少导致的洪灾和旱灾也是人类发展过程中长期面临的困难。此外，水资源的不合理利用及水污染也会破坏生态—经济—社会系统的健康发展。

6. 社会性

水是人类文明的摇篮，人类文明的起源、进步与发展都得益于水的哺育滋养。水推动了人类文明的进程，自古以来，水与人类的生存和栖息密切相关，人们总是逐水而迁、择水而居。近年来，随着水资源危机的日益严重，在世界范围内，水资源问题已成为国内政治和国际政治的重要议题。不少国家或政府把“水安全”与“国家安全”相提并论，置于同等重要的地位。

1.1.2 全球水资源

水是地球表面分布最广的物质之一。地球表面积约 5.1 亿 km^2，其中水覆盖的面积约 3.61 亿 km^2，约占地球表面积的 70.8%。地球上的水以气态、液态和固态三种形态存在于空气、地表及地下，即大气水、地表水和地下水。根据赋存形式可分为海洋水、河流水、湖泊水、沼泽水、土壤水、地下水、冰川水、大气水以及存在于动、植物有机体内的生物水。这些水体，通过水循环共同组成了水圈。其中96.5%为海洋水，这部分巨大的水体属于高盐量的咸水，除极少量水体被利用（作为冷却水、海水淡化）外，绝大多数是不能被直接利用的。地球上陆地面积为1.49亿km^2，占地球表面积的29.2%，水量仅有0.48亿km^2，占地球总储存水量的3.5%。在陆地上有限的水体中，淡水量仅有0.35亿km^3，占陆地水储存量的73%。而淡水中约70%的水分布于冰川、多年积雪和多年冻土中，其余大部分是土壤水或不易开采利用的深层地下水。便于人类利用的水只有0.10654亿km^3，占淡水总量的30.4%，仅占地球总储存水量的0.77%（何俊仕，2006；杨立信，2012）。

人类进入20世纪以来，特别是近几十年，世界上的淡水资源压力正日益增加。世界人口在20世纪大约增加了1/3，而取水量增加了1/7。据估计，目前1/3的世界人口生活在中度到高度缺水的国家，其水资源占有率低于联合国指出的保持健康需水的标准，即每人每年不低于1700m^3。据预测，到2025年，全球缺水人口将增至35亿（中国科学院水资源领域战略研究组，2009；贺缠生，2012），人口与经济规模急剧膨胀、生活水平不断提高，城市化扩展迅速，农业灌溉快速发展，工业生产突飞猛进，能源消耗日益增加，导致对有限的淡水资源的竞争和冲突增加，水资源短缺、地下水超采、水污染及用水冲突等水资源问题日益复杂和严重。以上问题由于水管理中的种种缺陷而更加严重。社会的不公平、经济边际化以及缺乏消除贫穷的计划，这些因素的综合作用也迫使生活在极端贫困状况下的人们过度开发土地和森林资源，对水资源产生了不利的影响。越来越多的国家在经济和社会发展过程中所面临的挑战越来越与水有关（曾群，2006）。

如何满足人口和经济规模迅速增长对水资源的需求，如何对有限的水资源进行有效的管理和可持续利用，是全球共同面临的挑战和亟待解决的问题。

1.1.3 中国水资源

中国的多年平均降水总量为6.08万亿m^3（648 mm），通过水循环更新的地表水和地下水的多年平均水资源总量为2.77万亿m^3。其中地表水2.67万亿m^3，地下水0.81万亿m^3，由于地表水与地下水相互转换、互为补给，扣除两者重复计算量0.71万亿m^3，与河川径流不重复的地下水资源量约为0.1万亿m^3（张利平等，2009）。图1-1是近年中国水资源的变化。

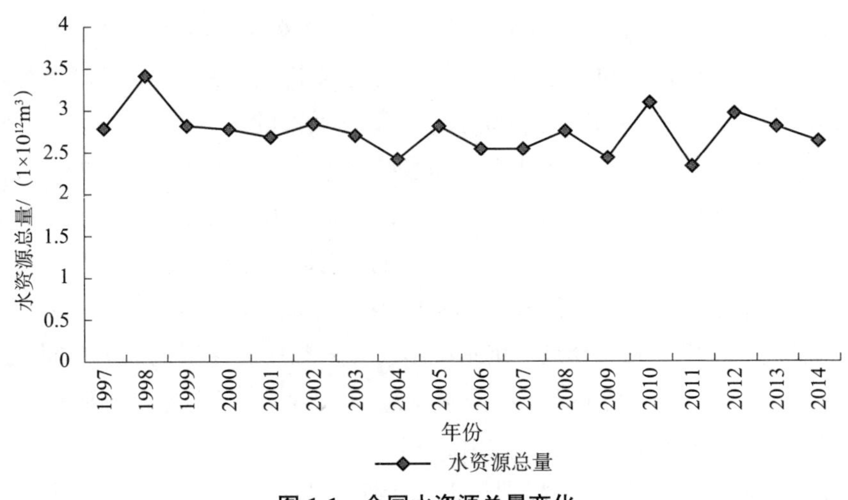

图 1-1　全国水资源总量变化

在全球气候变化的背景下，社会经济迅速发展，水资源问题成为我国面临的重要挑战，主要表现在以下方面（夏军等，2011a；中国工程院“21 世纪中国可持续发展水资源战略研究”项目组，2000）。

1. 水资源总量丰富，人均量不足

我国水资源总量占世界第 6 位，而人均水资源量却居世界第 108 位，是世界上 21 个贫水和最缺水的国家之一，人均淡水占有量仅为世界人均的 1/4。预测到 2030 年我国人口增至 16 亿时，人均水资源量将降到 1760m³（贺缠生，2012）。因此，我国未来水资源的形势较严峻。

2. 水资源时空分布不均

我国降水量年内分配极不均匀，大部分地区年内连续 4 个月的降水量占全年水量的 60% ～ 80%。年际间最大和最小径流的比值，长江以南中等河流在 5 以下，北方地区多在 10 以上，径流量的年际变化存在明显的连续丰水年和连续枯水年。年内分布则是夏秋季水多，冬春季水少。我国降水量年际之间变化很大，南方地区最大年降水量一般是最小年降水量的 2 ～ 4 倍，北方地区为 3 ～ 8 倍，并且出现过连续丰水年或连续枯水年的情况。

从空间上来看，空间分布总体上呈“南多北少”，长江以北水系流域面积占全国国土面积的 64%，而水资源量仅占 19%，水资源空间分布不平衡。由于水资源与土地等资源的分布不匹配，经济社会发展布局与水资源分布不相适应，导致水资源供需矛盾十分突出，水资源配置难度大。

3. 水资源供需矛盾突出

随着人口增长、区域经济发展、工业化和城市化进程加快，用水需求不断增长（图 1-2），将使水资源供应不足、用水短缺问题日趋严重。我国正常年份全国每年缺水量近 400 亿 m^3，北方地区尤为突出。

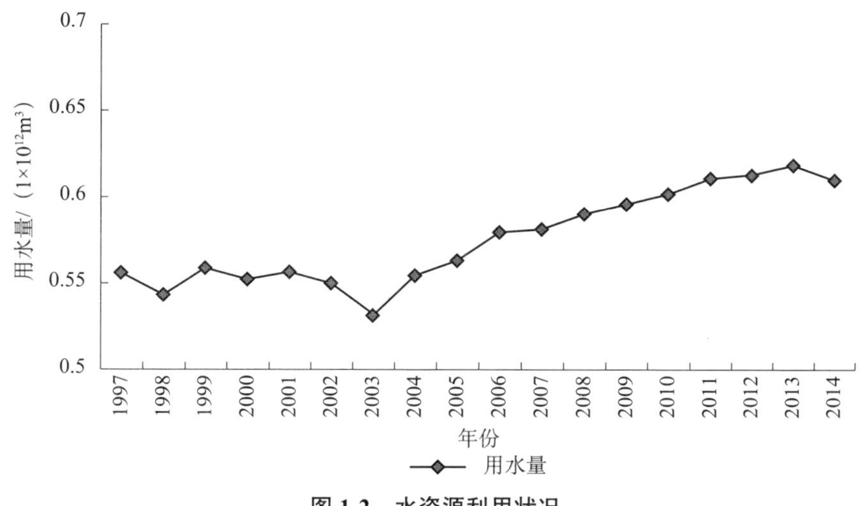

图 1-2 水资源利用状况

4. 水资源利用率不高

我国农业灌溉水的利用效率只有 40% ～ 50%，而发达国家可达 70% ～ 80%。全国平均每立方米水 GDP 仅为世界平均水平的 1/5；每立方米水粮食增产量为世界水平的 1/3；工业万元产值用水量为发达国家的 5 ～ 10 倍（夏军等，2011a）。此外，水资源利用结构不合理、水资源浪费严重、民众节水意识不够强、管理落后等原因导致水资源供需关系矛盾日益突出。

5. 水资源开发利用不合理①

污染和过度开采导致的水质和环境恶化对我国水资源安全的影响非常严重。2014 年，全国总用水量达 6095 亿 m^3，接近国务院确定的 2015 年用水总量控制目标。海河、辽河、淮河水资源开发利用率已超过 80%，西北内陆和流域开发利用已接近甚至超出水资源承载力。

2014 年，对全国 21.6 万 km 的河流水质状况评价表明，全年Ⅰ类水河长占评价河长的 5.9%，Ⅱ类水河长占 43.5%，Ⅲ类水河长占 23.4%，Ⅳ类水河长占

① 中华人民共和国水利部 . 2015 年中国水资源公报 . http：//www.mwr.gov.cn/zwzc/hygb/szygb/qgszygb/，2016-08-15/ 2016-08-16.

10.8%，V类水河长占4.7%，劣V类水河长占11.7%，水质状况总体为“中”。对主要分布在北方17省（自治区、直辖市）平原区的2071眼水质监测井进行监测评价，结果表明，水质优良的测井占评价监测井总数的0.5%，水质良好的占14.7%，水质较差的占48.9%，水质极差的占35.9%，地下水水质总体较差。

6. 全球变暖加剧了我国水资源的脆弱性

我国水资源系统对气候变化的适应能力十分脆弱，全球变暖可能加剧我国年降水量及年径流量“南增北减”的不利趋势，在气候变暖背景下，区域水循环时空变异问题突出，导致北方地区水资源可利用量减少、耗用水增加和极端水文事件，这加剧了水资源的脆弱性，影响我国水资源配置及重大调水工程与防洪工程的效益，危及水资源安全保障（夏军等，2011b）。

1.2 水资源与可持续发展

1.2.1 可持续发展

可持续发展最先是在1972年斯德哥尔摩举行的联合国人类环境研讨会上正式讨论。可持续发展系指满足当前需要而又不削弱子孙后代满足其需要之能力的发展。可持续发展的核心是发展，前提是资源的永续利用和良好的生态系统与环境。强调发展的可持续性和公平性，人类经济和社会发展不能超越资源和环境的承载能力，当代人在发展与消费时应努力做到使后代人有同样的发展机会，同一代人中一部分人的发展不应当损害另一部分人的利益。

1.2.2 水资源与可持续发展的关系

水对环境和人类的重要作用主要表现在：维持人类健康、维持环境健康、支持生物生产和经济生产的生态功能、支持两种载体功能（稀释和输送废物污水的动能，自然侵蚀和造地过程的动能）和心理学功能（使水体、水景、喷泉等成为人类的偏爱和愿望的基本组成部分）（布鲁斯·米切尔，2005）。这5项功能说明了水对人类生产和社会发展的重要贡献，同时也强调了社会和环境可持续发展这两个同等重要的目标。

联合国规划署执行主任Klaus Toepfer指出：“水不仅是最基本的需求品，也是可持续发展的中心问题，是贫困消除的必需要素。水与健康、农业、能源和生物多样性密切相关。没有水资源开发的进步，要达到新千年的发展目标，即使可能，也会十分困难。”（Prescott-Allen R，2001）为改善健康条件、减小儿童死亡率和提高女性地位，国家必须提供容易接近的安全、未受污染的水资源。水资源是影响农村生活、食物生产、能源生产、工业发展和服务业增长的重要因素，也是维持生态系统完整性和提供产品与服务功能的重要因素。因此，水资源既是解决可持续发展中相关问题的途径，也是可持续发展的目标。

刘昌明院士（2002）指出，水与人类社会经济可持续发展的关系，可简单归结为：水灾的有效防治和水资源的可持续利用，尤其以水资源的可持续利用最为重要。水资源可持续利用是在可持续发展框架下水资源利用的一种新模式，是水资源综合开发、利用、保护、防治和管理统一最合理的利用方式。具体来说，就是既要保证水资源开发利用的连续性和持久性，又要使水资源的开发利用尽量满足社会与经济不断发展的需求。

在可持续发展理念的指导下，特别是《里约宣言》发布以来，中国在水资源合理开发、高效利用、有效保护和综合管理等方面进行了大量实践探索，确立可持续发展的治水新思路，着力解决农村人畜饮水安全，推进节水型社会建设，开展水生态系统保护和修复，完善城乡供水系统能力，推行公众参与式管理，以占全球 6% 的水资源量，支撑了全球 22% 的人口和近 10% 的经济增长速率（王浩，王建华，2012）。

2 水资源管理理论

2.1 水资源管理理念的演变

水资源作为一种具备自然、经济和社会属性的基础性资源，在人类发展历史中，起着不可替代的支撑作用（Munasinghe，1991）。人类在认识自然和改造自然过程中，不断认识、掌握和应用水的各种规律。不同时期的水资源管理方式均反映当时主流的政策和社会价值。

20世纪以来，从资源开发的伦理观到资源保护和资源可持续管理，水资源管理思想和范式发生了迅速的转变。传统的管理方式基本是以水文为中心的，单一的"水"部门指向，即基于水文和流域地貌特征以及河流和流域的相互关系，认为流域和地下水分布是复杂的物理系统。在19世纪30～40年代，这一认识十分普遍，并且得到了水利工程师和水利经济学者的支持，他们认为流域是一个水资源系统，水资源开发是为了经济发展。这一方式主要侧重于产出最大化和用水户间的有效分配机制，在水资源利用项目中应用广泛。例如美国胡佛大坝的建设，是一个以大坝建设和灌溉开发为主的大型水资源开发项目，是水资源管理单一部门指向模式的盛行时期。这种单一部门的模式通过高科技手段和发明作为驱动，以充分利用当地流域资源获得最大产出为目的，经过更多复合方式的演化，提高了包括水资源再生、水利、发电、航运和灌溉在内的水资源系统多目标发展模式。例如，田纳西州流域管理、印度纳加琼那沙加大坝项目和澳大利亚大雪山项目等，这一时期的水资源管理理念是以"水"为中心，包括河流的水文特征与流域地貌单元之间的复杂相互关系。在当时，这是实现多目标水资源管理的最佳方式。水资源管理者使用完善的决策支持系统、地理信息系统进行水资源空间规划，通过自上而下的多层次命令控制系统，收集管理数据，具有强有力的政府指令（Hooper B P，2005）。

19 世纪 70 年代的环境运动预示着水资源管理新时期的到来，对上述管理方式产生了质疑。开始质疑单一或多目标的水资源管理方式，水资源管理的发展开始以新的生态学观点为基础，侧重于生态系统的研究。传统的水管理范式忽视了流域中不同使用者的多样性特征，这一特征相互影响，并导致了被称作水资源持续管理中的各种问题和矛盾的出现。新的管理范式将流域看作是一个集成的生态系统，更加重视生态系统的退化和水利发展项目所造成的负面社会影响（Global Water Partnership Technical Committee，2000）。

2003 年 2 月在日本东京召开的第三届世界水论坛大会上，以“集成水资源管理和流域管理”为主题，提出：“当今大多数国家所面临的关键问题是缺乏有效的管理，无法提高管理能力，完善管理职能，吸引更多的财政支撑用来满足不断增长的人类和环境对水的需求挑战……我们当前面对的是管理危机，而不仅仅是水危机。”集成水资源管理是将集成管理应用在河流和流域中，特别是将公众参与作为管理实践中的关键元素（Global Water Partnership Technical Committee，2004）。其基本思想是从水资源与生态系统的相互影响及水资源的多重用途和功能出发，对水资源进行全面系统的管理，要求水资源管理中各利益相关团体广泛、公平地参与，强调水资源的需求管理，特别是将水资源作为经济物品进行管理，提高水资源的利用效率。集成水资源管理旨在改革以往局部、分散和脱节的供给驱动管理模式，统筹考虑流域经济社会发展与生态保护要求，并将其纳入国家社会经济框架中进行综合决策，采取需求驱动管理模式，实现水资源可持续利用、社会经济可持续发展的目标（Funke N，Oelofse L S H H，2007；Savenijie H H G，Van Der Zagg P，2008）。

2.2　集成水资源管理的定义

集成水资源管理方式出现在 20 世纪 80 年代，它是一种源于新的生态系统管理思想，超越单一部门和多目标管理的水资源管理范式（Global Water Partnership Technical Committee，2005）。是一个促进管理地区水、土及相关资源协调发展和管理的过程，在该过程中，不仅强调当地居民的经济和社会福利最大化，而且要确保当地社会的公平和可持续性（Dungumaro E W，Madulu N F，2002）。

集成通常被称作集成资源管理（Intergrated Resources Management）或集成资源和环境管理（Intergrated Resources & Environment Management）。这一方式

是国际和全球环境管理的基础，发起者的目的在于使管理方式更具可持续性，例如，1987 年发起的世界环境和发展大会、1992 年的联合国环境和发展 21 世纪议程，这些全球性会议都体现了当时普遍的观念，即通过集成的方式来进行资源利用，不仅能避免决策的片面性，而且就水资源对人类生活的贡献及其重要的生态系统服务功能达成了共识（Letcher R A et al.，2006）。

对集成方式的解释有很多，其中，从生态系统角度出发的学者对集成水资源管理的解释具有共同特征，都考虑系统中所有的组成部分和它们之间的相互关系（Swatuk L A，Motsholapheko M，2008）。一些学者根据水资源和土地资源集成管理的经验，提出了更多视角的解释，包括水质和水量、地表水和地下水的关系，水资源使用者与生态系统目标的管理等。在流域和生态单元尺度，从水资源到相关的土地资源都作为推行集成方式的领域和尺度。

集成水资源管理方式利用利益相关团体的参与，在更多领域和更大范围内，用新的手段来实现水资源管理。这一方式已经在越来越多的流域推广应用，全球水伙伴总结成果经验，建立了“工具箱”（Savenije H H G，Van Der Zaag P，2008；Xie M，2006；Manase G et al.，2003；Makoni F S et al.，2004；Hans A，2001；Derman B，Hellum A，2007）。集成水资源管理相对于过去狭窄的、单一的资源管理方式，其目标在于克服政府与公众在水资源管理机制上的障碍，力图通过参与方式协商并达成一致，建立公众普遍接受的资源管理目标和伙伴关系。

集成自然资源管理方法在土地利用规划中应用广泛（Hellum A，2006），许多自然资源管理机构、科研单位、专业机构、产业组织和水管理部门以及与之相关的流域土地资源管理者们都已经广泛采取这一方式（Zwarteveen M，1997）。在规划和执行某项行动的过程中，将自然资源和人类作为生态系统的要素，即集成生态系统中的社会、政治、经济和制度等因素，实现特定目标（Abdullaev I et al.，2009）。

此外，还有学者提出，集成水资源管理是一种在更大范围和尺度上，更全面、更广泛地考虑人类和环境共同面临的问题以及两者间的相互关系的方式；一种用于确定关键因素或目的的策略和过程，这些关键因素或目的因此成为组织之间或决策制定的焦点（Jonker L，2007）。是保持环境处于可持续状况的主动性、预防性措施（Van Der Zaag P，2005）。是一个促进水、土地以及相关资源管理可持续发展的过程，使经济效益和社会福利在不破坏生态系统的条件下达到最大化的方法（Gender and Water Alliance，2003）。

集成水资源管理是处理水资源挑战和优化水资源对可持续发展贡献的一个灵活工具，它本身并不是目的，而是一个在需求变化条件下，保障水资源管理决策的稳定框架，有利于避免因部门间的理解偏差导致决策不合理，造成人力、财力及自然资本的浪费和损耗。其目的是确保实现水资源开发和管理中的公平问题，解决女性与贫困者的各种水需求，试图通过水资源利用促进国家的社会与经济发展目标的实现，同时不危及关键生态系统的可持续性，不危及后代水资源需求的满足能力（潘护林，2009）。

综上所述，集成水资源管理的实质就是将社会经济、水资源、生态环境作为一个复杂的复合系统进行综合全面系统的管理，通过在水资源规划、开发、利用和管理、监控过程中，综合运用制度、组织、经济、社会文化等多种措施和手段，处理和协调这一复合系统及子系统内部以水资源为纽带的相互关系，最终促进水资源高效、公平、可持续利用，实现人类社会经济的可持续发展。

2.3 集成水资源管理的基本原则

集成水资源管理不是一个教条式的框架，而是一种有关水资源开发与管理的灵活、通用方法。为推动和规范集成水资源管理在各国的实施，1992 年都柏林“水与环境问题国际会议”提出集成水资源管理实施的四条基本原则，称为都柏林原则（Global Water Partnership Technical Committee，2004）。

（1）淡水是一种有限而脆弱的资源，是维持生命、发展和环境必不可少的因素。因而需要对水资源进行全面系统的管理。

（2）水资源的开发与管理应建立在共同参与的基础上，包括各级用水户、规划者和政策制定者。广泛的参与不仅可以提高决策者与公众的资源意识，而且有效的参与还可为决策制定与计划实施奠定坚实的基础。

（3）妇女在水资源供应、管理和保护方面起着中心作用，因此有必要探索不同的机制以增加妇女参与决策的途径，拓宽妇女参与水资源综合管理的范围。

（4）水在其各种竞争性用途中均具有经济价值，因此应被看成是一种经济物品，在明确水资源产权关系的基础上，根据经济学原理，运用适当的经济手段促进人们保护、节约、高效利用水资源。

全球水伙伴技术咨询委员会对集成水资源管理的原则和建议进行了进一步的阐述，认为在集成水资源管理中，有必要认识一些考虑了社会、经济和自然条件的重要原则（杨立信，2012）。

（1）用水的经济效率。由于水资源越来越稀缺，水作为一种资源在本质上是有限和脆弱的，而且对水的需求又在不断增长，因此必须以最大可能的效率用水。

（2）公平性。必须使全体人民认识到所有人都有获得人类生存所需要的足量高质的水的基本权利。

（3）环境和生态的可持续性。当前应以不削弱生命支撑系统从而不损害子孙后代使用同一资源的方式使用这种资源。

世界粮农组织将都柏林原则进行概括和解释，包括三个方面。

（1）生态原则：不同用水部门对水的独立管理是不合适的，应将流域作为研究单元，综合考虑水与土地资源的管理，给予环境更多的关注。

（2）制度原则：应该让所有利益相关者参与，包括国家、私人部门、普通民众，特别是妇女也应该纳入，资源管理应该尊重基层原则，应在最低合适的层次上采取行动。

（3）手段原则：水是稀缺资源，在管理和分配中采用经济原则，以达到更好的效果。

此外，还有学者提出集成水资源管理的公平、效率、生态整体性原则，认为水资源管理应保证每个人的基本用水权、生态系统的可持续性及水资源开发利用的高效率，2000年全球水伙伴也采纳了这些思想并体现在了集成水资源管理的定义中（Hooper B P，2005）。

总之，理解并尊重水资源自然属性是集成水资源管理的首要原则，在此基础上，将水资源作为一种商品，通过经济、政策、法律手段确保水资源合理、公平、有效配置和利用，才能最终实现水资源和社会经济可持续发展这两大目标。

2.4 集成水资源管理的一般框架

2000年全球水伙伴从集成水资源管理的原则出发，提出了集成水资源管理的一般框架，如图2-1所示（Global Water Partnership Technical Committee，2004）。

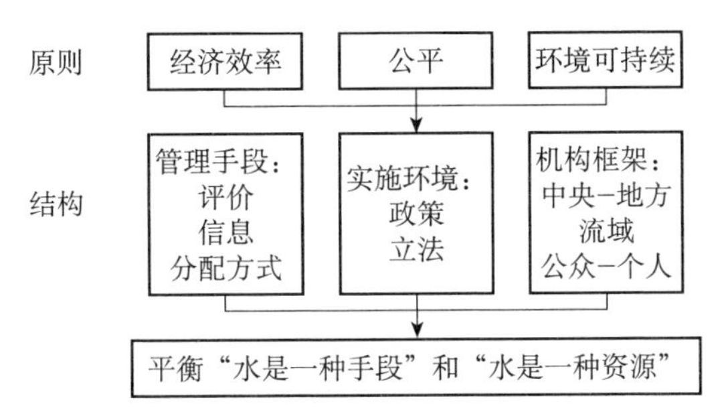

图 2-1 水资源集成管理实施要素

集成水资源管理是兼顾生态和经济协调发展，实施过程遵循公平原则，其要素包括：

（1）实施环境以政策为依据，以立法为保障，在政策、法律框架指导下，制定方案，完成实施和评估过程。

（2）机构框架包括中央—地方，流域，公众—私人等不同尺度、不同层次的实施主体，明确各级管理机构的职责和权力，同时建立不同尺度、不同部门之间的联系和协调关系，形成系统科学的管理体系。

（3）管理手段包括水资源评价、信息收集和交流、解决冲突、需求管理等方法，为集成水资源管理的有效实施提供具体的实施工具。

水是一种具有自然和社会双重属性的资源，通过有效的管理引导水资源公平分配、高效利用，最终改善人们的生计，是集成水资源管理的最终目的。

2.5 集成水资源管理中的公众参与

集成管理模式的出现，深刻影响了水资源管理的实践，同时也包括流域内公众的角色和作用。其中，水资源集成管理的基本原则之一就是其过程要基于广泛的公众参与。主要体现在以下方面（Global Water Patartnership Technical Committee，2004）。

1. 广泛、有效的参与

公众参与包括不同层面上的用水户、规划者和政策制定者的参与。每个人都是水资源的利益共享者。只有当利益共享者参与决策过程，才是真正的、有效的参与。广泛的参与可以提高决策者和公众对水资源重要性的认识，使决策和政策实施过程和结果更为高效、公平和具备可持续性。

2. 达成共识

参与是达成共识和共同协议的唯一手段。利益共享者和水管理机构的官员必须清楚地认识到水资源的可持续性是一个普遍问题，参与就是要承担责任，承认部门行动对其他用水户和水生生态系统的影响，并且接受需要提高用水效率和允许可持续开发水资源的要求。

3. 创立参与机制，提高参与能力

国家、地区和地方政府应积极建立各级利益共享者咨询机制，如国家、流域或蓄水区、集水区、社区水平上的。同时，也必须帮助提高参与的能力，尤其是帮助妇女和其他处于社会边缘的群体。这不仅包括提高认识、建立信心和提供教育，而且包括促进参与活动，以及建立良好的、透明的信息源和财力支持。必须认识到简单地创造参与机会对目前社会地位低下的群体不会起到任何作用，除非他们的参与能力得到提高。

4. 适宜的参与单位

参与对集成水资源管理来说，是一种能够在从上至下和从下至上方法之间寻求适当平衡的手段。对某些决策而言，适宜的决策单位是家庭或农场；参与取决于允许个人和社区做出水资源相关的敏感选择的机制和信息。另一方面，对国际河流而言，流域管理将需要某些形式的跨国协调委员会和冲突解决机制。

总之，水资源管理过程的公众参与可以产生议题相关的新信息、新思想和新方法，协调所有公众及利益相关团体的利益诉求，帮助形成公众共同认可的价值观（Yercan M，2003）。此外，实践证明，水资源管理政策的成功制定和有效实施必须依靠当地利益相关团体的知识、经验和价值观念。通过公众参与机制，能够满足其政策制定的目的性和有效性，建立资源管理和使用的民主、公平和可持续性意识（Dungumaro E W，Madulu N F，2003）。因此，公众参与是水资源集成管理能否成功实施的最重要保障条件之一。

随着水资源向着社会化管理方向的转变，选择和运用公众参与的集成管理方式来应对和解决水资源稀缺问题，处理由水问题引发的生态、环境和社会系统之间的矛盾和冲突已成为普遍和有效的方法之一。在农业灌溉管理领域，由于水资源和相关水利设施的政府或集体管理性质，普遍出现了用水不公平、低效率、服务不满意，以及水利设施缺乏维护、难以维系的尴尬局面，进而影响到农业灌溉用水管理的可持续性。20 世纪 80 年代后期，很多发展中国家对政府和集体灌溉管理模式进行改革，重新定位政府的作用，采取公众参与的社会化管理方式，将用水管理权责向用水者协会等社团组织转让（杜鹏，2008），在澳大利亚 Murray-Darling 流域（Hooper B P，2005）、乌兹别克斯坦 South Ferghana canal（Abdullaev I et al.，2009）、坦桑尼亚 Kihansi 流域（Dungumaro E W，Madulu N F，2003）、泰国 Mae Chaem（Letcher R A et al.，2006）等流域中取得了许多成功范式和经验。在水资源评价、水资源分配、利益相关者协商、生态、环境用水需求（英国环境部门）、城市水需求管理等方面有广泛的应用，并取得预期成效（GWP，2004；GWP，2005）。Yercan M（2003）对土耳其 Gediz 流域农民用水户参与式灌溉管理的绩效评价表明，参与式管理对灌区用水制度改革具有积极作用。

2.6 集成水资源管理中的性别主流化

都柏林原则中提出，妇女在水资源供应、管理和保护方面起着中心作用，因此有必要探索不同的机制以增加妇女参与决策的途径，拓宽妇女参与水资源综合管理的范围。其内涵表现在以下方面。

1. 让妇女参与决策

妇女作为决策者的参与程度与当地文化中对性别的理解和性别差异密切相关，带有性别偏见的文化将会忽视或阻碍妇女参与水资源管理。虽然自都柏林会议和里约热内卢会议以来，“性别问题”已在水资源集成管理的所有报告中得到了体现，但要确保妇女平等参与水资源管理从语言变成可操作的机制和行动，还有很长的路要走。因此为了保证妇女参与各级组织的决策，必须作出更多努力。

2. 妇女是水的使用者

众所周知，妇女在家庭用水、农业用水的收集和保护方面起着关键作用，但她们在与水资源有关的管理、问题分析和决策过程中的影响却比男人小得多。不同社会具有不同的社会和文化状况，因此有必要探索增加妇女参与决策途径的机制。

3. 水资源综合管理需要性别意识

为了保证妇女全面有效地参与到各级决策过程中，必须考虑到不同社会中男人和女人具体的社会经济和文化角色。水资源部门整体上都需要提高性别意识，这必须从对水资源专业人员和社区或基层管理者实施培训计划开始。

2.6.1 社会性别分析在集成水资源管理中的意义

社会性别是在社会文化中形成的属于女性或男性的气质和性别角色，在经济、社会文化中作用和机会的男女差异。性别角色指在特定的社会中，男性和女性的典型行为或社会限定的适宜行为。这种角色由历史、文化、经济、宗教、种族等诸多因素决定。社会性别分析是以社会性别角色剖析社会的政治、经济、文化、家庭与社会等各个领域的男女不平等现象的方法（Peter G，2006）。性别主流化是评价女性和男性在所有领域和尺度上规划实施（包括法律、政策和项目）的过程。其目的是将社会性别视角渗透在各个领域和各个层次，能使男女两性获得真正的性别公平和有效的发展，从而促进整个社会发展（张莹，2007）。

在水资源管理领域，单一的、不协调的方法导致了环境退化、水资源过度开发、配置不合理、利益和责任分配不公平以及操作和基础设施维护不到位等问题。在水资源缺乏地区，水资源供给竞争中不平等的权利关系将社会最底层和最末端的人们——贫困者、妇女——置于劣势地位（Van Koppen B，1998）。男性或女性的参与不足，隐藏了强调水资源可持续管理的目的。应用性别分析方法有助于水资源管理部门更好地根据女性和男性以及边缘群体的不同需求分配水资源。传统的单一方法不能充分考虑性别问题，因此，通过性别主流化的综合手段保证女性和男性的需求分析、项目规划、实施和评价非常有用，对促进性别平等进程具有重要意义。

1. 有利于提高水资源管理部门的效率

研究表明，女性和男性共同参与水资源管理活动，有助于提高项目的执行力度和效率。亚洲和非洲水资源计划及世界银行开发计划署关于水与卫生计划项目证明，如果能够有效促进社区在财政、系统维护和管理服务方面能力建设以及决策水平，使责任和利益能够公平分配，那么社区将会使水资源供给和利用更具持续性（Van Wijk-Sijbesm C，1998）。《世界银行 121 个农村供水工程的回顾》表明，在诸多变量中，项目的效率与女性参与有很强的相关性，忽略性别差异会导致项目失败（Narayan D，1995）。Fong M（1996）等的研究表明，在印度，即使罚款，妇女也不会将堆放到家门口的垃圾放入村外的垃圾箱，因为她们不想被别人看见自己向村外搬运垃圾的情形。如果项目设计事先征求妇女的意见，这个问题就可以避免（Fong M et al.，1996）。世界水资源委员会的社区供水和卫生项目表明，在供水和卫生部门以及其他水资源部门，考虑性别有利于提高项目的效率（Quisuimbing A R，1994）。菲律宾的灌区发展项目成功的主要原因是目标群体的充分参与，注重性别问题产生了积极的影响。该项目实施前，当地妇女没有独立的土地权利，项目实施过程中从社区招募干事，要求三分之二是女性，确保用水协会的成员及其配偶都参与，积极鼓励妇女发挥领导作用。也有研究表明，妇女参与水资源管理协会有助于水费收缴（Peter G，2006）。

2. 有利于生态环境可持续发展

女性和男性在保护动植物、森林、湿地以及农业方面都具有不同的角色，而通常在获取水和燃料、生活用水的利用、获得收入方面忽视了性别关系。因为这些活动具有显著的自然特性。妇女的经验和知识对于环境管理非常重要（United Nations Environment Programme，2005），重视妇女的环境知识有助于促进环境可持续发展。

在菲律宾流域管理项目中，土壤退化和侵蚀导致一个用于发电的湖泊淤塞。在政府监测水土流失和土壤恢复过程中发现，单独由男性或女性进行的水资源监测都失败了，男性没有进行持续监测，而女性比起水土流失，更关注健康问题。因此，对妇女进行了培训，让她们理解水质是如何影响家庭成员的健康，而该项目的目的就是监测水质中的细菌，结果妇女非常积极地参与了项目。这对进一步的更大范围的环境保护活动产生了积极影响，男性和女性在水土保持方面的技术和知识都有了很大进步（Diamond N et al.，1997）。

3. 有利于提高水资源利用分析的准确性

充分理解社会性别和社会差异、角色差异，如谁做了什么、谁做了什么决定、谁为什么目的用水、谁控制了什么资源、分别负责了哪些家庭责任，在性别平等的基础上进行社会和经济分析，管理者才能获取更加准确的社区图、资源利用图、家庭和用水者情况，得到更加全面、有效的结果。研究表明，在孟加拉国洪水控制项目（Thomas H，1994）中，人们普遍认为洪水和防洪预案产生的影响与性别无关，但研究发现，这与性别歧视和性别不平等有关。农村妇女不仅完全参与种植系统中的粮食生产、加工以及存储等过程，而且，由于她们是家庭食物的主要供给者，因此通常会对主要粮食作物的价格产生影响。妇女会竭尽全力去维持现有资源，因为丈夫外出或离异而成为户主的妇女，表现得更加明显。

性别差异和不平等影响个人对水资源变化的响应。理解性别角色和关系以及性别不平等，有助于认识决策的差异性。研究表明，秘鲁女户主在水资源谈判中很少成功，虽然官方规定晚上浇水应该公平地轮流进行，但妇女通常被安排在晚上进行灌溉，因为男性灌溉者与灌溉委员会和用水代表的关系比较好，他们更容易争取到白天灌溉（Zwarteveen M，1997）。如果一个项目的目的是为所有的灌溉者和农民提供公平的获取水资源的权利，就应该有相应的措施来专门解决妇女面临的这些特殊困难。

水资源管理信息的收集会受到性别关系的影响。男性和女性倾向于不同的组织形式，为用水者委员会提供信息方式也会有所差异。通常情况下，贫困妇女当选水资源委员会或村庄发展委员会的代表的可能性非常小。研究表明，当提到选择村民代表的标准时，津巴布韦的受访者反复提到了两个问题：①受大家尊敬的人。表现为有地位和影响力、工作努力、面对困难有责任感；②具有特定资源的人。如自行车、资金等，这样有利于他们与上级联系（Cleaver F，1998）。通常贫困妇女的健康状况可能比别人差，孩子们更容易患有与水相关的疾病，因此，她们更需要从改善项目中受益，但她们很少有机会表达自己的需求，也很少被别人重视，用水者协会得到的信息也就比较少。

4. 有利于促进性别平等、公平和赋权

很多行为被认为是性别中立，但实际上很少有这种情况。没有性别基础的项目可能会加大女性和男性的不平等，增加性别偏见。项目和计划通常会带来新的资源，不管是男性还是女性都应该受益，利用这些机会，才有可能改善现有的不平等现象，帮助人们努力建立更加公平的社会和经济地位。传统的水资源专业人员通常会忽视这样的问题，因此，关注性别问题非常重要。促进性别平等是联合国发展计划署人力资源可持续发展的一部分，提高妇女地位和保护环境都是联合国发展计划署总体战略中的重要内容。其中明确提出，性别平等是人类公平和可持续发展的基本要素，如果我们致力于消除贫困和维持可持续生计，环境修复和管理，我们必须将 1995 年和 1996 年人类发展报告的信息运用到我们自己的工作中，以提高促进性别平等的能力和机会（UNDP，1996）。

5. 实现政府和合作伙伴国际承诺的需要

政府和发展机构作出承诺（GWA，2003）：为促进性别平等，在与水和环境相关的所有项目和规划中，都应以性别视角为基础。1990 年，新德里“国际饮用水供应和卫生十年”的讨论和后续行动中，一直呼吁增强妇女在水资源管理中的决策权。1992 年，100 多个国家在都柏林共同声明，妇女在水资源供给、管理和保护中发挥着核心作用。呼吁妇女在供给和使用水资源、保护生存环境的关键作用应该在水资源管理和发展的体制安排上有所体现。1992 年里约原则

第20条表明，妇女在环境管理和发展中起着至关重要的作用，因此她们的完全参与对实现可持续发展非常重要。21世纪议程第24章整章内容都是关于妇女与可持续发展的，性别的重要性在2002年可持续发展世界首脑会议中得到再次重申。1995年《北京行动纲领》强调，环境问题是关注“自然资源管理和保护以及环境保护中的性别不平等”的一个重要领域，并通过了三个战略目标：①女性应积极参与所有层次的环境管理决策；②在可持续发展的政策和项目中采用性别视角，纳入性别问题；③建立并加强发展环境政策对妇女影响的评价机制。

6. 参与式集成水资源管理过程的需要

参与式发展包括男性和女性的共同发展，一直以来对性别问题特别关注。在家庭内部，一些妇女可能认为家庭事务甚至与劳动负担有关的问题不需要自己参与讨论。由于男性和女性的分工和工作量不同，女性通常很少有时间进行新的活动。由于女性和男性的受教育程度不同，文化水平有差异，男性会因为经常外出而在与陌生人交往时比女性更自信。对于参与式水资源管理，男性和女性计算参与成本和收益的方法不同，妇女可能会更多地考虑时间因素。

2.6.2 集成水资源管理中的性别主流化

社会性别主流化需要思考和认识男性和女性的态度、需求、角色和能力差异，不同性别和社会阶层的人们，所拥有的获取和控制资源的权利不同，在不同的社会性别群体中，从事的工作、获取的利益、承担的责任以及受到的影响也不同。水资源管理中的性别分析具有以下三个关键要素。

1. 合理的性别分析

水资源管理中的性别分析应包括以下几个方面。

（1）充分重视资源获取、劳动时间、水资源利用、水权以及利益分配中的社会性别差异，全面掌握无偿劳动的性别分离数据和资料。

（2）关注社会性别关系，不只是妇女。虽然很多分析重视妇女（因为一般是妇女处于劣势地位），但社会性别分析是探索男性和女性之间的关系即差异、不平等、权利失衡、忽视资源获取的权利等，因此不能将妇女的地位从更加广泛的男性和女性关系中孤立（Narayan D，1995）。

（3）从个体和总体两方面来认识和理解社会性别。如建立一个水资源委员会或者参加一个地方政府组织的培训时，男性和女性面对的困难不同，可获取的资源不同，个体之间也存在差异，因此，不同的理解会产生不同的影响。

（4）考虑所有社会层次机构，即家庭内部、社区组织、用水协会、当地政府、国家私营部门等的性别维度（Mayoux L，1995）。这些正式和非正式机构在水资源管理中都有基础性作用，同时他们都具有性别维度，即谁做了什么决定？这种机制促进还是阻碍了妇女的参与？是否有能力降低这个机构中男性和女性的不平等？这个机构内部的不同需求是什么，忽视了哪些方面？机构的政策发展是否采用了性别敏感的方式？

2. 在规划和设计中充分体现性别视角

为了全面理解性别特别是女性对集成水资源管理过程的影响，在项目规划和设计中应从以下几方面考虑。

（1）从分析到规划设计的各个环节都纳入性别视角。不仅要用文件规定妇女的优先权，还应将这种视角贯彻到优先权和主动权的确定上。

（2）肯定妇女的责任和观点及其重要性。通常人们潜意识中认为女性的用水没有男性重要，如果没有明确的文件规定，规划者往往会忽视这些问题。

（3）与预期结果建立联系。对性别分析和总体目标的关系应该有一个明确的分析，关注项目中的性别维度，考虑如何引导妇女参与，不同的控制方法会对她们产生怎样的影响。

（4）确定具体目标。在项目设计阶段，应将有关性别平等的目标具体化。根据最终目标建立指标体系，并根据性别进行分解。

3. 建立基于性别的检测和评估指标

如果没有按照性别和经济差异分离数据，计算项目的收益和成本，就很难理解这些因素对不同群体产生的影响，很难评价这个项目或计划对各个群体产生的影响。例如，在贫困地区的供水会减轻妇女和女童的供水负担，这样可以提高女童入学率，为贫困女性节约时间。如果评价没有应用性别分离数据，就无法确定影响的范围，无法得出这个正面结果（Zwarteveen M，1997）。一个具有性别敏感性指标的检测评估过程，应建立在男性和女性差异的基础上，从而使参与者更好地理解在这个社区中，谁是受益者、谁负担了成本、不同群体参与的动机是什么。此外，一个涉及男性和女性的监测过程应确保监测成为一个自我管理的工具，而不是政策手段，这样才能够促进和鼓励主动参与及共同行动（Van Koppen B，1998）。

集成水资源管理是一种以水资源为纽带，协调与之相关的各种资源可持续利用的过程，最终目标是提高居民福利，推动社会公平，促进经济发展，实现生态环境可持续发展的过程。其本身不仅是一种和谐状态的目标，更是一个有用的工具。性别平等是一个历史悠久的话题，作为一种特殊的视角和分析工具，其在水资源管理中具有重要作用，能够提高水资源部门项目和规划的效力和效率，使水资源利用分析更加准确，是促进社会公平、生态环境可持续发展的必要条件和实现政府和合作伙伴的国际承诺的具体表现，也是参与式集成水资源管理过程的特殊要求。水资源管理中的性别分析，需要理解性别差异并进行合理分析，将性别视角贯彻于项目规划和设计、执行过程，并建立性别敏感的监测和评估指标。

集成水资源管理作为一种新的管理范式，致力于促进水资源合理高效利用，协调环境、社会、经济这个复杂的系统，公众参与和性别平等是其最基本原则，只有将其作为一个长远艰巨的任务，贯穿于水资源管理理念、政策、法律、机制以及规划、实施、评估的整个过程，把握好每一个环节，才能最终实现长远目标。

3 黑河中游水资源利用管理

黑河是我国第二大内陆河，位于97° 37′ E～102° 06′ E，37° 44′ N～42° 40′ N之间，地处河西走廊和祁连山中段；地势南高北低，地形复杂，以莺落峡和正义峡为界被分为上游祁连山地、中游走廊平原和下游阿拉善高原三个部分（潘启民，2011）。黑河中游位于河西走廊中段，河道长204km，流域面积2.56万km^2。绿洲、荒漠、戈壁、沙漠断续分布，地势平坦开阔，光热资源充足，昼夜温差大，是我国重要的商品粮基地和蔬菜生产基地，也是黑河流域的重点区域。

3.1 黑河中游水资源利用状况

黑河中游气候干旱严重，降水量为140mm左右，年均气温为7.6℃，蒸发量约1700mm，年相对湿度52%，年日照时数3085h。多年平均地表水和地下水资源总量为26.50亿m^3，其中多年平均可利用地表水资源量24.75亿m^3，包括黑河干流莺落峡站15.80亿m^3，梨园河梨园堡站2.37亿m^3，其他沿山支流6.58亿m^3，另外，与地表水不重复的地下水资源量为1.75亿m^3（张凯等，2006）。

2013年，黑河中游总供水量为22.9924亿m^3，其中地表水供水量为16.9亿m^3，地下水供水量为6.09亿m^3。有各类水库66座，总库容3.27亿m^3；塘坝77座，总库容382万m^3，水电站85座，规模以上机电井14 685眼，泵站100座，建成农村集中式供水工程548处，累计解决农村饮水安全人口79万人。建成万亩[①]以上灌区27处，有效灌溉面积达到534万亩；发展水利工程节水面积168万亩；治理水土流失面积4147km^2，兴修堤防366.86km；小水电装机达到114万kW。各类水利工程供水能力28.04亿m^3。

2013年，全年总用水量22.9924亿m^3，人均用水量1985m^3，万元GDP用

① 1亩≈666.7m^2。

水量 640m^3。其中，农业用水 21.5848 亿 m^3，占总用水量的 93.88%；工业用水 0.6940 亿 m^3，占总用水量的 3.02%；生活用水 0.5002 亿 m^3，占总用水量的 2.18%；生态用水 0.2134 亿 m^3，占总用水量 0.93%（图 3-1）（甘肃省水利厅，2013）。

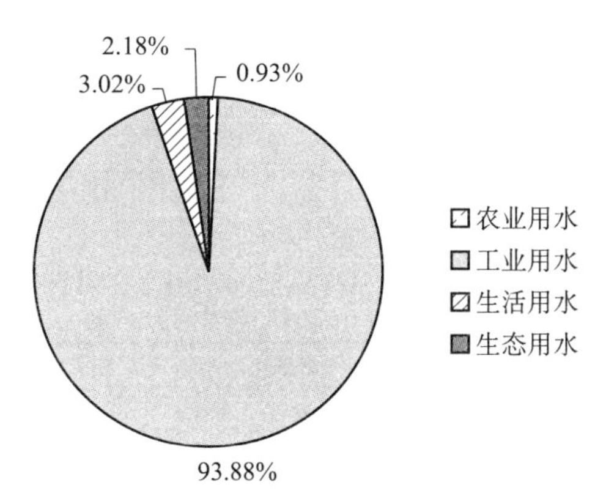

图 3-1　黑河中游水资源利用状况

共有耕地面积 23.88 亿 m^2，有较发达的灌溉农业系统，包括 18 个灌区，渠道超过 893 条，总长度超过 4415km（周剑，2014）。由于灌溉需水量较大，地表水在时空分布上不足以满足作物生长的需求，因此地下水成为灌溉水源。地下水年开采量随着耕地的扩张逐渐在增加（表 3-1），2013 年的开采量 6.09 亿 m^3。

表 3-1　黑河中游地下水利用情况

年份	合计（亿 m^3）	其中地下水（亿 m^3）	地下水比例（%）
2001	18.2026	2.4861	13.66
2005	23.5251	3.1925	13.57
2009	23.7774	3.3314	14.01
2013	22.9924	6.0900	26.49

3.2　黑河中游水资源管理状况

随着中游地区人口的迅猛增加和社会经济的不断发展，用水量逐年增加，缺水矛盾日益凸现出来，水已成为该区域社会经济环境协调发展的主要限制因子（张济世等，2004；王根绪，程国栋，1998）。此外，黑河中游绿洲灌溉消耗大量的水资源，可供黑河下游自然生态系统所用的水不足，从而导致严重的生态和环境恶化，如湖泊干涸、胡杨减少、土地荒漠化加速（Qi S Z，Luo F，

2005）。黑河流域的水资源问题得到了国家和当地政府的高度重视。2000 年 5 月，时任国务院总理朱镕基要求抓紧研究解决黑河相关问题。2000 年 6 月 19 日，正式启动黑河干流水量调度工作。2001 年 2 月，国务院第 94 次总理办公会议决定实施黑河近期治理，实现当黑河莺落峡来水 15.8 亿 m^3 时，向下游新增下泄量 2.55 亿 m^3，达到正义峡下泄量 9.5 亿 m^3 的分水目标。自 2000 年实施黑河水量统一调度以来，累计向下游输水 228.88 亿 m^3（表 3-2），占来水量的 56.87 %，下游地区的生态环境得到了极大的恢复和改善，有力地促进了黑河流域下游地区经济社会的可持续发展，国务院确立的黑河应急治理阶段性目标已基本实现。

表 3-2　2000 ～ 2012 年黑河分水量

年份	莺落峡实际来水量（亿 m^3）	下游实际分水量（亿 m^3）	分水比例（%）
2000	14.62	6.60	45.14
2001	13.13	6.09	46.38
2002	16.11	9.12	56.61
2003	19.03	11.97	62.90
2004	14.98	7.74	51.67
2005	18.08	11.16	61.73
2006	17.89	11.52	64.39
2007	20.01	11.80	58.97
2008	18.87	10.21	54.11
2009	21.30	11.98	56.24
2010	17.45	9.57	54.84
2011	18.06	11.27	62.40
2012	19.35	11.13	57.52
合计	228.88	130.16	56.87

2002 年 7 月，水利部将张掖市确定为全国第一批节水型社会建设试点，按照国家可持续发展战略的要求，通过工业、农业、城市节水和调整产业结构等措施，协调生活、生产和生态用水，全面推进节水型社会试点建设工作。坚持“政府调控、市场引导、公众参与”的原则，积极构筑与水资源优化配置相适应的管理运行、经济结构、水利工程三大体系，从水资源管理的体制和机制等方面进行了大胆探索和实践，建立农民用水者协会 768 个。初步形成了总量控制、定额管理、以水定地、配水到户、公众参与、水票流转、水量交易、城乡一体的节水型社会运行模式。

2006 年，张掖市试点通过水利部验收，并被水利部授予“全国节水型社会建设示范市”称号。近年来，张掖市按照“加大力度，扩大成效，巩固和保持好全国第一面节水型社会建设旗帜”的要求，立足经济社会发展大局和水资源开发利用现状，坚持纵深推进节水型社会建设，进一步加大“总量控制、定额管理”两套指标体系落实力度，不断提升田间节水能力；探索实行最严格的水资源管理制度，制定了《张掖市实行最严格水资源管理制度实施方案》，划定了水资源开发利用、用水效率控制、河流水功能区限制纳污“三条红线”；进一步加大了现代农业的发展，增加了农业节水示范点建设，在制种玉米大田滴灌技术推广、节水新农村示范点建设方面均取得了突破；通过节水型社会建设，全市水资源配置进一步优化，水的利用率和利用效益显著提高（钟方雷，2011）。

3.3 黑河中游水资源利用管理中面临的问题

近年来，随着流域集成管理和节水型社会建设的推进，黑河水资源利用效率不断提高，同时，水资源问题依然严峻，主要表现在以下方面。

1. 水资源短缺，供需矛盾突出

黑河中游气候干旱，蒸发旺盛，水资源短缺，黑河分水计划使中游水资源问题更加突出。近年来，随着中游社会经济迅速发展，水资源需求量不断增加，水资源供需矛盾突出，农业用水与生态用水矛盾突出。

2. 地下水超采

地表水资源不足，导致地下水开采利用量不断增加，地下水超采问题日益严重。自 2000 年以来，张掖市地下水位年均降幅达 0.25 ～ 1.5m，20 世纪末的地表水问题现在已明显转化为地下水问题（张掖市水务局，2010）。

3. 生态环境恶化

黑河中游绿洲生态本身就很脆弱，在为恢复下游生态调水的同时，中游自身呈现生态恶化。自 2000 年以来，张掖市人工林成片死亡 9.2 万亩，濒临死亡 17.3 万亩，天然湿地减少 22 万亩，荒漠化面积增加了 90 万亩。黑河流域是一个完整的生态区，上、中、下游生态互相依存，如果中游生态得不到有效保护，将直接影响全流域的生态安全。

4. 基础设施落后，生产方式粗放

黑河中游是传统的农业地区，农业是主要的收入来源，目前大部分供水设施相对落后，灌溉条件落后，生产方式粗放，水资源利用效率低下，节水能力有限，节水潜力不足。

4 黑河中游农民对水资源管理的认知及态度

4.1 环境感知

环境感知有广义与狭义之分。广义环境感知是指个体周围的环境在其头脑中形成的印象，以及这种印象被修改的过程。狭义的环境感知仅指环境质量在个体头脑中形成的印象。环境感知过程（图 4-1）就是感知主体在物理环境的刺激下收集信息，并对这些信息进行处理，在大脑中形成心理环境，从而根据它来指导、评价自己的外在行为，调整信息收集（彭建，周尚意，2001）。

个体的知识、经验和价值体系是影响信息收集和处理过程差异的主要因素，与环境意识共同构成环境感知的主体，环境变化是环境感知的客体，对待资源环境的态度受环境感知和环境意识的影响，最终决定了其行为，积极的行为有利于资源环境的保护和改善，消极的行为则导致资源环境恶化（图 4-2）。

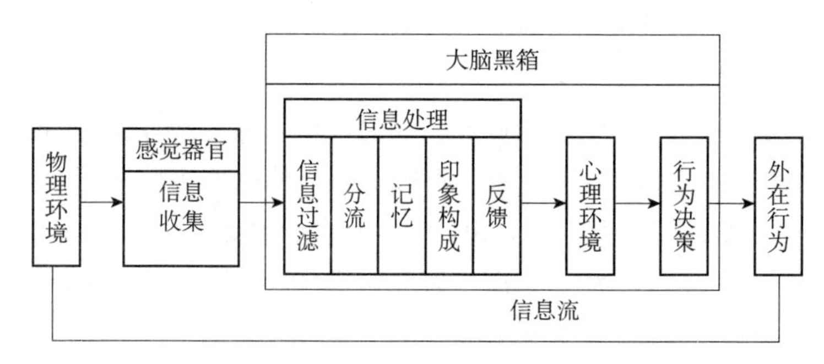

图 4-1　环境感知过程

目前环境感知已成为人文主义地理学研究的一个重要领域。在诸多研究中，环境感知研究的内容主要涉及对气候变化的感知（Ruddell D et al.,

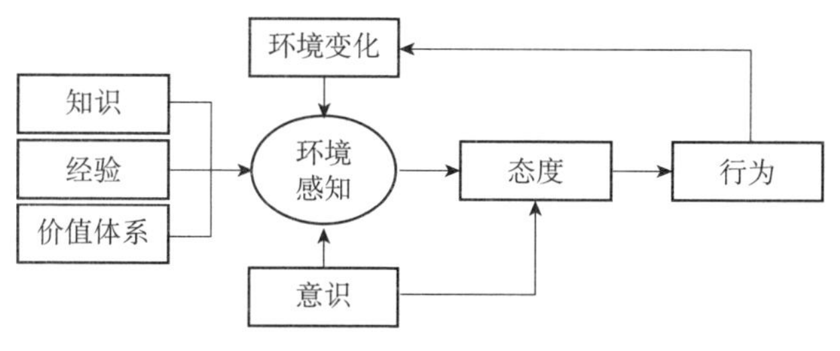

图 4-2　环境感知机理

2012；Dunlap R E，McCright A M，2008；Krosnick J A et al.，2006；周旗，郁耀闯，2009）、对资源环境变化的感知（Zoellner J et al.，2012；史兴民，刘戎，2012）、对资源环境问题的感知（Flynn J et al.，2006；Rocha K et al.，2012）以及影响资源环境感知的因素（Shi X M，He F，2012）等；感知的主体主要有学生（Bogner F X，2002）、农民（Zoellner J et al.，2012）、城市居民（Islam M S et al.，2013）、家庭成员（Sieber S S，Medeiros P M，2011）等。研究表明，运用参与式方法获取资源环境感知数据，能够更好地理解当地环境现状和社区参与情况（Engel U，Potshke M，1998），同时也可通过研究者与当地民众的交流和互相学习，提高他们的资源环境保护意识，促进参与环境保护行动（Thomas D S G，Sporton D，1997）。人既是资源环境的利用者，同时也是保护者（或破坏者），由于环境感知主体的个体差异导致环境感知及响应行为具有显著差异，因此，公众正确的环境感知对积极响应资源环境管理政策、自觉保护环境至关重要。

4.2　黑河中游农民对水资源管理的认知及态度

随着社会经济快速发展、人口急剧增长、环境污染加剧以及水资源管理危机，我国水资源严重缺乏，水污染愈演愈烈，水资源的可持续发展利用受到严重威胁（曹茜，刘锐，2012）。促进公众公平、充分、积极参与水资源管理是参与式水资源管理的真谛，是集成水资源管理的重要内容以及提高水资源管理效率的有效手段。党的十八大报告明确提出“加强水源地保护和用水总量管理，推进水循环利用，建设节水型社会”。农民是用水者协会的主体，也是节水型社会建设的主力军。在节水型社会建设中，农民用水者协会作为公众参与式水资源管理的基层组织和基本单位，已成为联系农民和水资源管理部门的纽带。

目前，农民用水者协会已成为水资源管理领域研究的热点问题。王金霞（王金霞等，2004）、成诚（成诚，王金霞，2010）对灌区尺度水资源管理制度的研究表明，自20世纪90年代开始，黄河流域参与式水资源管理制度改革取得了很大的进展，传统的集体管理已经逐步被承包管理和用水者协会管理所取代。在水资源管理绩效方面，农民用水者协会在解决水事纠纷、减少用水户的水费开支、节约农业劳动力、渠系建设与维护、提高弱势群体灌溉公平性等方面取得了一定成效（张陆彪等，2003；王密侠等，2005；楚永生，2008；赵立娟，2009；张宁，2007；李琲，2008），用水者协会的成立对农户灌溉水资源供应和农业生产、生产投资、作物用水量等方面具有积极影响（刘静等，2008；王密侠等，2007；王金霞等，2011）。参与是水资源管理的关键问题，然而农户参与灌溉管理的意愿受到户主的文化程度、户主对参与式灌溉管理认知程度、非农劳动力占家庭劳动力比例、农户社会资本等因素的影响（赵立娟，乔光华，2009；张兵等，2009）。从性别角度来看，限制妇女参与用水者协会的因素是没有机会参与、家庭劳动繁重、科学文化素质低、对用水者协会认知不足等（汪力斌，2007；郭玲霞等，2009）。综上所述，目前几乎所有研究都认可且非常重视参与的重要性，却忽视了农民对参与式水资源管理的认知及认知与响应的关系，而充分的认知恰是参与的前提和基础。明析农民对参与式水资源管理的认知和响应关系，是促进农民参与水资源管理的核心问题。

黑河中游地区地势平坦，土地广阔，光热资源丰富，是我国重要的商品粮基地和蔬菜生产基地，灌溉需水量大。同时，由于气候干旱，水资源短缺，水资源供需矛盾已成为农业发展的瓶颈问题。如何提高水资源利用效率？如何做好节水型社会建设？黑河中游农业用水占总用水量的90%以上，农民是水资源最庞大的利益相关群体，农民对水资源管理的认知，是其水资源利用和保护行为的前提，也是节水型社会建设的重要突破口。

4.2.1 研究区域及数据获取

1. 研究区域

高台县地处98° 57′ 27″ E～100° 06′ 42″ E，39° 03′ 50″ N～39° 59′ 52″ N之间，县境东西长99.00km，南北宽103.72km，全县陆域面积4459.68km^2。位于河西走廊中部，黑河中游下段。隶属张掖市，东邻临泽县，西与酒泉市、金塔县和肃南明花区相连，南与肃南大河接壤，北依合黎山与内蒙古阿拉善右旗相邻。地势南北高、中间低，形如马鞍。全境海拔 1260 ～ 3140m，冬季寒冷干燥，夏季炎热干燥，春季多风，全年无霜期 150 天左右，多年平均降水量 104.3mm，蒸发量 1996.2mm，多年平均气温 7.6℃，全年最高气温在 7 月，月平均气温在 22℃以上，最低气温在 1 月，月平均气温在 −9.7℃左右；相对湿度 52%，平均日照 3088.2h，干旱指数 19.1，属严重干旱区，气候干燥，降水稀少，蒸发强烈，光照充足，热量丰富，昼夜温差大。

高台农业发展历史悠久，水资源开发利用历史源远流长，早在两千多年前的春秋战国时期，人们就已在骆驼城一带繁衍生息。高台现已成为戈壁滩上的绿洲，是河西商品粮基地的重要组成部分。现辖 8 个灌区，136 个村委会（农民用水者协会），总户数 52 638 户，其中农业户数为 34 139，总人口 15.8679 万，其中非农人口 2.6614 万。以农业为主导产业，现有耕地面积 3.12 万 hm^2（高台县统计局，2011）。

水资源总量 5.3888 亿 m^3，境内常年性河流为黑河、摆浪河、大河、水关河、石灰河及红沙河，均发源于祁连山区，其中黑河为过境河流，其余五条小河流发源于高台南部山区，源短流少，潜伏旱涝灾害隐患。境内地下水总补给量 3.3435 亿 m^3/a，其中平原区补给量 3.276 亿 m^3/a，占总补给量的 98.03%，山区补给量 659.52 万 m^3/a，占总补给量的 1.97%。

由于水资源严重短缺，生态环境脆弱，多年来一直受到国家和政府的关注，2002 年被确定为国家第一批节水型社会试点区域，近年来大力发展节水型社会建设，形成了政府控制、市场引导、公众参与的节水型社会运行机制（杜鹏，2007，地球科学进展）。

2. 数据获取

以农民为研究对象，于 2010 ～ 2011 年进行问卷调查，高台县共辖 8 个灌区，136 个行政村（用水者协会）。前期预调查 58 个样本数据显示，农民认知程度样本方差为 1.2078，样本均值为 2.95，在 0.05 显著性水平下，规定抽样误差不超过 0.1。根据简单随机不重复抽样计算得出农民认知程度研究最小样本量为 478。计算方法如公式（4-1）。

$$n=\frac{N(t_{\alpha/2})^2}{(N-1)\Delta^2(\bar{x})+(t_{\alpha/2})^2\alpha^2} \tag{4-1}$$

式中 n 为样本容量；N 为抽样总体；$\Delta(\bar{x})$ 为抽样误差；α 为样本方差。

于2010年进行了两次调查，共发放600份调查问卷，获得有效问卷578份，其中男性 302 份，女性 273 份。调查样本的人口统计学特征如表 4-1 所示。

表 4-1　调查样本人口统计学基本特征

<table>
<tr><td colspan="3" rowspan="2">样本总量</td><td colspan="4">性别</td></tr>
<tr><td colspan="2">男</td><td colspan="2">女</td></tr>
<tr><td colspan="3">578</td><td colspan="2">305</td><td colspan="2">273</td></tr>
<tr><td colspan="7">年龄</td></tr>
<tr><td colspan="2">小于 30</td><td>30 ～ 39</td><td>40 ～ 49</td><td colspan="2">50 ～ 59</td><td>大于等于 60</td></tr>
<tr><td colspan="2">28</td><td>94</td><td>241</td><td colspan="2">124</td><td>91</td></tr>
<tr><td colspan="2">4.84%</td><td>16.26%</td><td>41.70%</td><td colspan="2">21.45%</td><td>15.74%</td></tr>
<tr><td colspan="7">文化程度</td></tr>
<tr><td colspan="2">文盲</td><td>小学</td><td>初中</td><td colspan="2">高中</td><td>高中以上</td></tr>
<tr><td colspan="2">115</td><td>174</td><td>231</td><td colspan="2">56</td><td>2</td></tr>
<tr><td colspan="2">19.90%</td><td>30.10%</td><td>39.97%</td><td colspan="2">9.69%</td><td>0.35%</td></tr>
<tr><td colspan="7">健康状况</td></tr>
<tr><td colspan="2">非常差</td><td>较差</td><td>一般</td><td colspan="2">较好</td><td>非常好</td></tr>
<tr><td colspan="2">46</td><td>15</td><td>24</td><td colspan="2">138</td><td>357</td></tr>
<tr><td colspan="2">7.96%</td><td>2.60%</td><td>4.15%</td><td colspan="2">23.88%</td><td>61.76%</td></tr>
<tr><td colspan="7">灌区分布</td></tr>
<tr><td>大湖湾</td><td>六坝</td><td>罗城</td><td>骆驼城</td><td>三清</td><td>友联</td><td>新坝、红崖子</td></tr>
<tr><td>96</td><td>33</td><td>45</td><td>80</td><td>55</td><td>101</td><td>108</td></tr>
<tr><td>16.61%</td><td>5.71%</td><td>7.79%</td><td>13.84%</td><td>9.52%</td><td>17.47%</td><td>18.69%</td></tr>
</table>

从性别来看，受访者男性略多于女性。从年龄上看，受访者以 40 ～ 60 岁最多，共占了调查样本的 63.15%，30 ～ 39 岁和 60 岁以上分别占 16.26% 和 15.74%，小于 30 岁最少，占 4.84%。从文化程度来看，受访者受教育程度以小学和初中为主，共占了样本总量的 70.07%。从健康状况来看，身体非常好和较好者占样本总量的 85.64%。从灌区分布来看，各灌区分布相对平均，新坝、红崖子灌区最多，六坝灌区相对较少。

4.2.2　调查内容

调查内容主要包括农民个体特征、家庭特征、生产特征及其对水资源管理的认知程度、满意程度和参与意愿（见附录 I ）。

1. 认知程度

认知程度即农民对用水者协会组织的认识和理解。主要测量指标有三个。

（1）用水者协会成立的必要性。必要性程度分为 5 个等级，1 为“根本没有必要”，5 为“非常有必要”。

（2）对用水者协会职能的了解。列举用水者协会的 5 项基本活动，每一项得 1 分。

（3）对用水者协会组织形式的了解。列举用水者协会中会长、副会长及 3 名小组组长的姓名，每项得 1 分，共 5 分。

2. 满意程度

农民对用水者协会的满意程度是反映用水者协会管理及服务工作的重要指标（Uysal ÖK，Atış E，2010；Frija A et al.，2009）。因此设计 6 个测量指标。

（1）目前供水量能否满足您的灌溉需要？选择回答“20%”、“40%”、“60%”、“80%”、“100%”，相应赋值为 1 ～ 5。

（2）目前的供水及时程度如何？选择回答“20%”、“40%”、“60%”、“80%”、“100%”，相应赋值为 1 ～ 5。

（3）您对用水设施如渠系等的修建和维护满意程度如何？选择回答“非常不满意”、“不满意”、“一般”、“满意”与“非常满意”，分别赋值为 1 ～ 5。

（4）您对目前的水费满意程度如何？选择回答“非常不满意”、“不满意”、“一般”、“满意”与“非常满意”，分别赋值为 1 ～ 5。

（5）您所在的用水者协会财务公开程度是否满意？选择回答“非常不满意”、“不满意”、“一般”、“满意”与“非常满意”，分别赋值为 1 ～ 5。

（6）您对所在用水者协会的总体满意度如何？选择回答“非常不满意”、“不满意”、“一般”、“满意”与“非常满意”，分别赋值为 1 ～ 5。

3. 参与意愿

农民的参与意愿即是否愿意参与用水者协会管理或者愿意支持并鼓励家人参与。主要测量指标有两个。

（1）您是否愿意参与用水者协会管理工作？选择回答“极其不愿意”、“不愿意”、“一般”、“愿意”、“非常愿意”分别赋值为 1 ～ 5。

（2）您是否支持鼓励家人参与用水者协会管理工作？选择回答“阻止参与”、“不赞成参与”、“无所谓”、“同意参与”与“大力支持”，分别赋值为 1 ～ 5。

4.2.3 黑河中游农民对水资源管理的认知

对调查结果进行统计，农民对黑河中游水资源管理的认知如表 4-2 所示。

表 4-2 农民对水资源管理的认知

问题			得分					均值
			1	2	3	4	5	
认知程度	对用水者协会成立的必要性	频数	28	46	227	233	44	3.37
		比例（%）	4.8	8.0	39.3	40.3	7.6	—
	对用水者协会职能的了解	频数	27	90	274	142	45	3.15
		比例（%）	4.7	15.6	47.4	24.6	7.8	—
	对用水者协会组织形式了解	频数	18	148	198	147	67	3.13
		比例（%）	3.1	25.6	34.3	25.4	11.6	—

1. 农民对于用水者协会成立的必要性的认识

40.3% 的受访者认为有必要成立用水者协会，7.6% 认为非常有必要，中立者占 39.3%，12.8% 的被访者持否定态度，认为没有必要成立。得分均值为 3.37，表明农民对用水者协会成立的意义和必要性有一定认识，但不够充分。访谈过程中发现，有些农民认为，当地水资源短缺主要原因是气候干旱，因此，成立协会没有多大作用。而大多数人认为，水资源短缺主要是由于黑河下游的用水矛盾，还有人认为是渠系维护不到位，损耗严重，而这些问题都有望通过用水者协会组织解决。

2. 农民对用水者协会职能的认识

农民对用水者协会职能的认识得分均值为 3.15，表现为“一般”。79.7% 的受访者能说出用水者协会 3 项以上职能，调查过程发现，大多数农民对协会在灌溉用水分配、水费收缴、渠系维护方面的职能比较清楚，而对其他方面的职能了解较少。

3. 农民对用水者协会组织形式的认识

农民对用水者协会组织形式的认识得分均值为 3.13，表现为“一般”。71.3% 的农民能说出所在协会的 3 名以上的管理者。调查过程发现，用水者协会组织形式差异较大，有些协会管理者的产生是通过民主选举，有些是由用水户推荐，有些则是用水户轮流承担，农民对于承担分水、收水费等日常工作的管理者相对熟悉，对于其他管理人员关注和了解较少。

4.3 黑河中游农民对水资源管理的态度

农民对黑河中游水资源管理的态度调查结果如表 4-3 所示。

表 4-3 农民对水资源管理的态度

问题			得分					均值
			1	2	3	4	5	
满意度	灌溉满足程度	频数	30	153	191	162	42	3.07
		比例（%）	5.2	26.5	33	28	7.3	—
	供水及时程度	频数	13	67	164	222	112	3.63
		比例（%）	2.2	11.6	28.4	38.4	19.4	—
	用水设施维护	频数	18	118	244	185	13	3.10
		比例（%）	3.1	20.4	42.2	32	2.2	—
	水费高低	频数	45	229	232	69	3	2.58
		比例（%）	7.8	39.6	40.1	11.9	0.5	—
	财务透明程度	频数	15	88	277	188	10	3.16
		比例（%）	2.60	15.22	47.92	32.53	1.73	—
	总体满意度	频数	5	62	388	121	2	3.09
		比例（%）	0.87	10.73	67.13	20.93	0.35	—
参与意愿	参与意愿	频数	6	167	235	118	52	3.07
		比例（%）	1.04	28.89	40.66	20.42	9.00	—
	支持家人参与	频数	3	150	242	139	44	3.12
		比例（%）	0.52	25.95	41.87	24.05	7.61	—

对供水量的满意度得分均值为 3.07，在所有选项中偏低。31.7% 的被访者表示供水量少，35.3% 的农民表示能满足灌溉需水量的 80%。调查发现，水资源总体呈现不足，且空间分布不均，个别区域严重短缺。供水及时程度的满意度得分均值为 3.63，在所有选项中最高，表明农民对供水及时程度比较满意。访谈过程中，大多数农民都表明，自从协会成立以来，灌溉用水供给得到了很大改善，灌溉过程更有序、省时。对用水设施如渠系等的修建和维护，农民满意度得分均值为 3.10，23.5% 表示不满意，34.2% 表示满意。调查过程发现，供水设施修建维护区域差异较大，政府的政策支持，尤其是群众自发组织，是灌溉设施得以修缮和维护的主要因素。对水费满意程度得分均值为 2.58，在所有选项中得分最低，表明农民对水费的满意程度较低。调查发现，农民普遍反应水费高，在农业生产投资中所占比例仅次于化肥。对用水者协会财务公开程度得分均值为 3.16，在所有选项中相对较高，仅有 17.82% 的被访者表示不满意。调查发现，很多村社都会将农户的水费使用情况进行张贴公示，便于农民了解核实，农民表示对这种做法比较满意。对用水者协会的总体满意度得分均值为 3.09，67.13% 的受访者持中立态度，正面评价占 21.28%。

农民的参与意愿即是否愿意参与用水者协会管理或者愿意支持并鼓励

家人参与。对于参与用水者协会管理工作，29.42% 的被访者表示愿意参与，40.66% 的农民表示无所谓，29.93% 表示不愿意参与。31.66% 的受访者表示愿意支持家人参与协会管理。调查发现，大部分男性在外务工时间较长，难以保证正常参与社区工作，因此不愿意参与协会。但他们表示愿意支持家人参与协会管理。

4.4 黑河中游农民参与水资源管理的影响机制

4.4.1 研究方法

结构方程模型（Structure Equation Modeling，SEM）是用于讨论观测变量与潜在变量关系以及潜在变量与潜在变量关系的多元统计分析方法（易丹辉，2008），融合了因子分析和路径分析两种统计技术（黄芳铭，2005）。在心理学、教育学、卫生统计、市场营销学、旅游学等研究领域已得到了广泛应用。

SEM 程序主要具有验证性功能，研究者利用一定的统计手段，对复杂的理论模型进行处理，并根据模型与数据关系的一致性程度，对理论模型做出适当的评价，从而证实或证伪研究者事先假设的理论模型（易丹辉，2008）。SEM 可同时估计测量变量和潜在变量之间的关系（测量模型），以及潜变量之间的关系（结构模型）。

测量模型用方程式（4-2）、式（4-3）表示：

$$x = \Lambda_x \xi + \delta \tag{4-2}$$

$$y = \Lambda_y \eta + \varepsilon \tag{4-3}$$

其中，x—外源指标组成的向量；

y—内生指标组成的向量；

Λ_x—外源指标与外源潜变量之间的关系，是外源指标在外源潜变量上的因子负荷矩阵；

Λ_y—内少指标与内生潜变量之间的关系，是内生指标在内生潜变量上的因子负荷矩阵；

δ—外源指标 x 的误差项；

ε—内生指标 y 的误差项。

潜变量之间的结构方程用式（4-4）形式表示：

$$\eta = \mathrm{B}\eta + \Gamma\xi + \zeta \tag{4-4}$$

其中，η — 内生潜变量；

ξ — 外源潜变量；

B — 内生潜变量之间的关系；

Γ — 外源潜变量对内生潜变量的影响；

ζ — 结构方程的残差项。

结构方程模型之所以流行是因为它在模型中同时结合了验证性因子和回归分析（黄芳铭，2005），主要具有以下优点（侯杰泰等，2004）。

（1）可同时考虑和处理多个因变量。

（2）容许自变量和因变量含有测量误差，而目前一般应用的主成分评价法、因子分析法、数据包络分析法、层次分析法、多因素综合评价法、模糊曲线法等。统计分析方法的共同缺点是假定所有的变量都能直接测量且没有误差，变量之间只有单向的因果关系等，而这些假设在现实中都是很难满足的（李永强，2006）。

（3）与因子分析相似，SEM 容许潜变量（不能直接测量或观测的变量）由多个观测指标构成，并可同时估计各指标的信度和效度，与探索性因子分析不同的是在因子分析中观测变量可在任意或所有的因子上载荷，且因子数目是受到限制的，而当使用 SEM 时，使用验证性因子分析（CFA），能够计算观测变量在特定因子上载荷（Reisinger Y，Turner L，1999）。

（4）SEM 可采用比传统方法更有弹性的测量模式，如某个观测指标可同时从属于两个潜变量，但在传统方法中一个指标大多只依附于某一个因子变量。

（5）研究者可设计出潜变量之间的关系，并估计整个模型与数据的拟合程度（史春云等，2008a）。

SEM 的应用一般按以下步骤（史春云等，2008a）。

1. 文献梳理

根据研究目的，对相关文献进行梳理，为潜变量的选择和理论模型的建立以及潜变量的测量变项设计做准备。

2. 理论模型界定

建立潜变量之间理论联系的结构模型，提出模型假设。此模型称为理论模型，通常可以按照规范先绘制路径图。

3. 模型识别

即数据满足参数估计的条件是否充分。如果模型不识别，就不可能得到模型的参数。识别所必须的条件是估计参数少于或等于样本协方差矩阵中观测变量的数目。

4. 选择测量变项与实地搜集资料

在估计和解释 SEM 结果以及样本误差估计时，样本规模是很重要的因素。虽然没有明确的样本规模要求，建议规模为 100 ～ 200，200 为临界值，但与估计参数相比，样本数必须足够大，一般是估计参数的 5 倍，最低不能低于 50。当样本量大于 200 时，卡方统计就不再是一个很好的拟合指标，对最大似然估计技术就较敏感。

5. 数据分析与处理

首先在使用结构方程模型进行分析之前必须对数据的常态性进行检验说明，可利用 SPSS、PRELIS 程序进行。一般应分别进行单项和多变项的偏态（skewness）与峰度（kurtosis）或显著性检验。当偏态系数 |S|> 3、峰度系数 |K|> 10、显著性考验 |Z|> 1. 96，可视为非常态。对非常态数据可通过变形，如取对数等方法进行转换，然后对问卷进行信度检验。一般采用 Cronbach Alpha 信度系数法，其中单项与项目整体相关度通常要大于 0.3，如果小于 0.3 且删除后单项 Alpha 系数小于整体的 Alpha 系数，则该项目仍可视为可信，可保留；计算潜变量的信度和整体信度一般要大于 0.7 以上才较理想。对变项较多的数据，一般先进行探索性因子分析，常用主成分分析方法以减少变项数目，但也有通过因子分析来确定观测变量与潜变量之间的特定关系。一个模型一般最多包括 20 个变量（5 ～ 6 个潜变量，每个包含 3 ～ 4 个观测指标）。变量数目过多就会产生解释上和统计显著性上的困难，一般保留因子载荷大于 0.40 的变量，并对所有包含在一个因子中的项目计算得到一个组合因子，以组合因子作为潜变量的测量指标。该方法有助于减少在验证性因子分析中的共线性或指标间误差的相关性问题。

6. 模型估计

LISREL 共提供了 7 种参数估计的方法，但最常用的是最大似然估计，其假设前提是多变量常态分布。该方法需要较多的样本数量，一般要求样本数最低为 100。首先进行测量模型的估计，目的是通过验证性因子分析方法检验模型中各观测变量与潜变量之间的关系，观测变量是否正确地测量其潜变量，检验是否存在观测变量在其他潜变量上也有载荷，不同的观测变量之间是否存在相关性。同时对个体变量信度过小或共线性较多的变项进行删除，以保证每个指标通常只包含在一个潜变量中。一般如果 $t \geqslant 1.96$，说明观测变量对潜变量的解释是有效的。当每个潜变量的观测指标满足 3 个条件：复相关系数 R^2 大于 0.50、标准化参数估计值在 0.50 ～ 0.95、统计上显著（0.05 水平上的显著）时，即说明测量模型比较理想。其次进行结构模型的估计与信度和效度的检验，目的是通过验证性因子分析检验整体模型是否支持理论模型和假设路径。一般来说，理想的潜变量的组合信度应大于 0.6，收敛效度要求平均变异抽取量大于 0.5。判别效度以潜变量的平均变异抽取量与该潜变量和其他潜变量的相关系数平方之间的比较结果来判断，即潜变量的平均变异抽取量的平方根要大于该潜变量与其他潜变量的相关系数。

7. 整体模型拟合检验

通常单一的指标不能说明模型的整体拟合程度，因此对整体模型的拟合检验通常使用绝对拟合指数、相对拟合指数、简约拟合指数来分别进行评价（表 4-4），分别代表模型在不同方面的拟合。

8. 模型修正

由于实际的样本数据与理论模型会存在一定的差距，因此常常要根据修正指数和期望改善值来对模型进行修正，但应以理论为基础，以能做出合理的解释为修正模型的前提，一般不提倡纯粹为拟合数据而修正模型（易丹辉，2008；侯杰泰等，2004；史春云等，2008a；史春云等，2008b；汪侠等，2005）。

表 4-4　整体模型拟合指数及其常用标准

拟合指数	χ^2/df	GFI	AGFI	RMSEA	SRMR	NFI
标　准	（1，3）	>0.90	>0.90	<0.06	<0.08	>0.90
拟合指数	NNFI	CFI	IFI	RFI	PNFI	PGFI
标　准	>0.90	>0.90	>0.90	>0.90	>0.50	>0.50

4.4.2　研究假设及概念模型

1. 研究假设

农民是节水型社会建设的主体，农民参与是提高管理效率、促进水资源高效利用、实现用水公平合理的有效途径。因此，农民参与水资源管理既是目标，也是手段。农民是否愿意积极参与水资源管理，一方面取决于其自身对于水资源管理的认知水平。农民的个人因素、家庭因素、生产状况决定了其对水资源的认知，也决定了其是否愿意、能否参与用水者协会管理工作。另一方面也受水资源管理现状的影响。研究表明，农民的满意程度是评价用水者协会管理绩效的重要且有效的指标（Uysal ÖK，Atış E，2010；Frija A et al.，2009）。此外，农民的个人因素、家庭因素、生产特征直接决定了其是否愿意、能否参与协会管理工作（郭玲霞等，2009；Qiao G H et al.，2009）。

农村水资源管理的服务对象是农民，水资源管理绩效通常体现在农民对生产生活用水的满足程度，对水资源供给服务评价的评价。因此，理论模型的建立基于以下假设。

H1：农民的满意程度与其参与意愿存在着相关关系。农民对水资源管理服务及管理绩效的满意程度越高，则参与用水者协会管理以及支持家人参与的意愿越强烈。

H2：农民的认知程度与其满意度之间存在着相关关系。农民对用水者协会的组织形式、运行制度及职能等方面的理解和认识，直接关系到对用水者协会管理绩效的满意程度。认识越深刻、了解越多则对用水者协会的评价越客观。

H3：农民的认知程度与其参与意愿存在着相关关系。对用水者协会的认识和理解越深刻，参与协会管理及支持鼓励家人参与的可能性越大。

H4：农民的个人因素—认知程度、个人因素—参与意愿、家庭特征—认知程度、家庭特征—满意程度、家庭特征—参与意愿、生产状况—认知程度、生产状况—满意程度、生产状况—参与意愿之间存在着相关关系。农民的个体特征决定了其水资源知识、态度和行为，家庭及生产方面的特征决定了其对水资源的需求和期待，从而影响对用水者协会的认知程度、满意程度及参与意愿。

2. 农民认知—响应理论模型

基于以上假设，建立农民认知—响应理论模型，包含6个结构变量和23个测量指标（图4-3）。内生结构变量为认知程度、满意程度和参与意愿。外生结构变量为个人因素、家庭特征、生产状况。结构变量对应的观测变量如表4-5所示，通过问卷调查，获取所有观测变量信息。年龄、受教育程度、家庭规模、劳动力比例、负担系数、家庭人均纯收入、耕地面积、农业收入占家庭收入的比例9个指标根据答案转换为5级量表，其余15个观测变量的评价均按照各自定义分为5级量表。

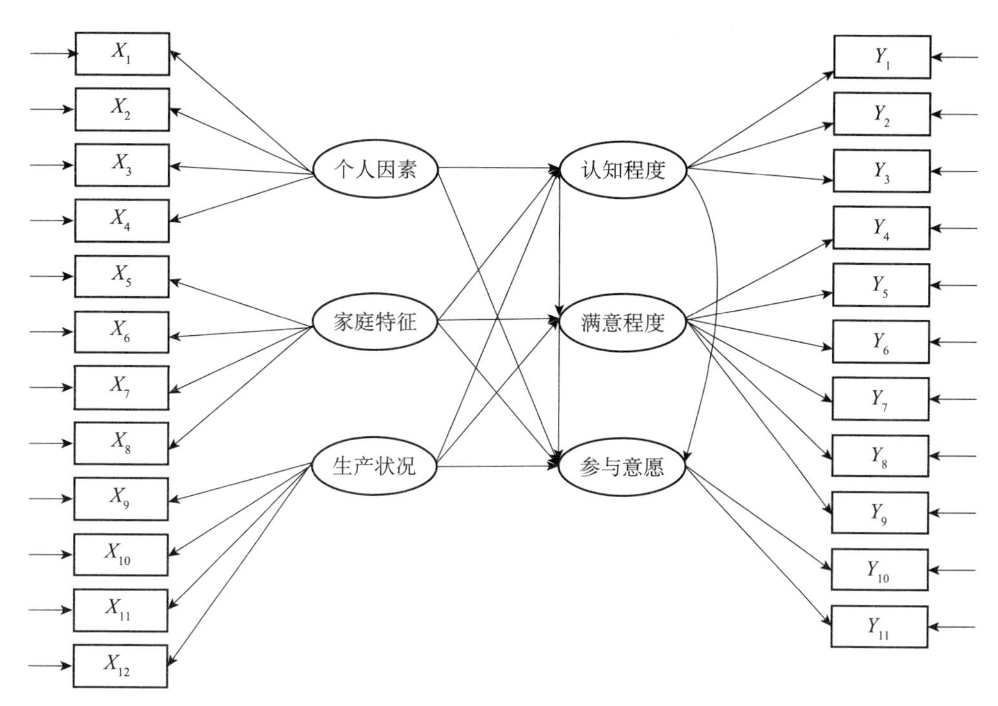

图 4-3　农民对参与式水资源管理的认知模型

表 4-5　农民认知模型指标体系

一级指标	二级指标	说明
个人因素 ξ_1	年龄 X_1	1：小于 30 岁；2：30 ～ 39 岁；3：40 ～ 49 岁；4：50 ～ 59 岁；5：大于 60 岁
	健康状况 X_2	5 级量表
	受教育程度 X_3	1：文盲；2：小学；3：初中；4：高中；5：高中以上
	自信程度 X_4	5 级量表
家庭因素 ξ_2	家庭规模 X_5	1：小于 3 人；2：3 人；3：4 人；4：5 人；5：大于 5 人
	劳动力比例 X_6	1：[0 ～ 20%）；2：[20% ～ 40%）；3：[40% ～ 60%）；4：[60% ～ 80%）；5：[80% ～ 100%]
	负担系数 *X_7	1：[0 ～ 20%）；2：[20% ～ 40%）；3：[40% ～ 60%）；4：[60% ～ 80%）；5：[80% ～ 100%]
	家庭人均纯收入 X_8	1：小于 2500 元；2：[2500 ～ 4500）；3：[4500 ～ 8000）；4：大于 8000 元；
生产特征 ξ_3	耕地面积 X_9	1：小于 7 亩；2：[7 ～ 9）；3：[9 ～ 12）；4：[12 ～ 16）；5：大于 16
	农业收入占家庭收入的比例 X_{10}	1：[0 ～ 20%）；2：[20% ～ 40%）；3：[40% ～ 60%）；4：[60% ～ 80%）；5：[80% ～ 100%]
	灌溉条件 X_{11}	5 级量表
	用水冲突发生频率 X_{12}	5 级量表

续表

一级指标	二级指标	说明
认知程度 η_1	用水者协会成立的必要性 Y_1	5 级量表
	用水者协会职能了解程度 Y_2	5级量表
	用水者协会组织形式了解程度 Y_3	5 级量表
满意度 η_2	灌溉满足程度 Y_4	5 级量表
	供水及时程度 Y_5	5 级量表
	用水设施维护 Y_6	5 级量表
	水费高低 Y_7	5 级量表
	财务透明程度 Y_8	5 级量表
	总体满意度 Y_9	5 级量表
参与意愿 η_3	参与意愿 Y_{10}	5 级量表
	支持家人参与 Y_{11}	5 级量表

* 负担系数为 14 岁以下和 65 岁以上人口占家庭总人口比例

4.4.3 数学模型

认知模型的结构模型如公式（4-5）所示。

$$\begin{bmatrix}\eta_1\\\eta_2\\\eta_3\end{bmatrix}=\begin{bmatrix}0&0&0\\\beta_{21}&0&0\\\beta_{31}&\beta_{31}&0\end{bmatrix}\times\begin{bmatrix}\eta_1\\\eta_2\\\eta_3\end{bmatrix}+\begin{bmatrix}\tau_{11}&\tau_{12}&\tau_{13}\\0&\tau_{22}&\tau_{23}\\\tau_{31}&\tau_{32}&\tau_{33}\end{bmatrix}\times\begin{bmatrix}\xi_1\\\xi_2\\\xi_3\end{bmatrix}+\begin{bmatrix}\xi_1\\\xi_2\\\xi_3\end{bmatrix} \tag{4-5}$$

测量方程如公式（4-6）、（4-7）所示。

$$\begin{bmatrix}x_1\\x_2\\x_3\\x_4\\x_5\\x_6\\x_7\\x_8\\x_9\\x_{10}\\x_{11}\\x_{12}\end{bmatrix}=\begin{bmatrix}\lambda_{11}&0&0\\\lambda_{21}&0&0\\\lambda_{31}&0&0\\\lambda_{41}&0&0\\0&\lambda_{52}&0\\0&\lambda_{62}&0\\0&\lambda_{72}&0\\0&\lambda_{82}&0\\0&0&\lambda_{93}\\0&0&\lambda_{103}\\0&0&\lambda_{113}\\0&0&\lambda_{123}\end{bmatrix}\times\begin{bmatrix}\xi_1\\\xi_2\\\xi_3\end{bmatrix}+\begin{bmatrix}\delta_1\\\delta_2\\\delta_3\\\delta_4\\\delta_5\\\delta_6\\\delta_7\\\delta_8\\\delta_9\\\delta_{10}\\\delta_{11}\\\delta_{12}\end{bmatrix} \tag{4-6}$$

$$\begin{bmatrix} y_1 \\ y_2 \\ y_3 \\ y_4 \\ y_5 \\ y_6 \\ y_7 \\ y_8 \\ y_9 \\ y_{10} \\ y_{11} \end{bmatrix} = \begin{bmatrix} \lambda_{11} & 0 & 0 \\ \lambda_{21} & 0 & 0 \\ \lambda_{31} & 0 & 0 \\ 0 & \lambda_{42} & 0 \\ 0 & \lambda_{52} & 0 \\ 0 & \lambda_{62} & 0 \\ 0 & \lambda_{72} & 0 \\ 0 & \lambda_{82} & 0 \\ 0 & \lambda_{92} & 0 \\ 0 & 0 & \lambda_{103} \\ 0 & 0 & \lambda_{113} \end{bmatrix} \times \begin{bmatrix} \eta_1 \\ \eta_2 \\ \eta_3 \end{bmatrix} + \begin{bmatrix} \varepsilon_1 \\ \varepsilon_2 \\ \varepsilon_3 \\ \varepsilon_4 \\ \varepsilon_5 \\ \varepsilon_6 \\ \varepsilon_7 \\ \varepsilon_8 \\ \varepsilon_9 \\ \varepsilon_{10} \\ \varepsilon_{11} \end{bmatrix} \tag{4-7}$$

4.4.4 计算过程及结果

运用 LISREL 软件，输入协方差矩阵及 DA（开始）、MO（模型构建）、OU（结果输出）语句，采样最大似然估计法进行路径系数估计（图 4-4）、进行 t 检验，并对模型整体拟合度进行检验（表 4-6）。

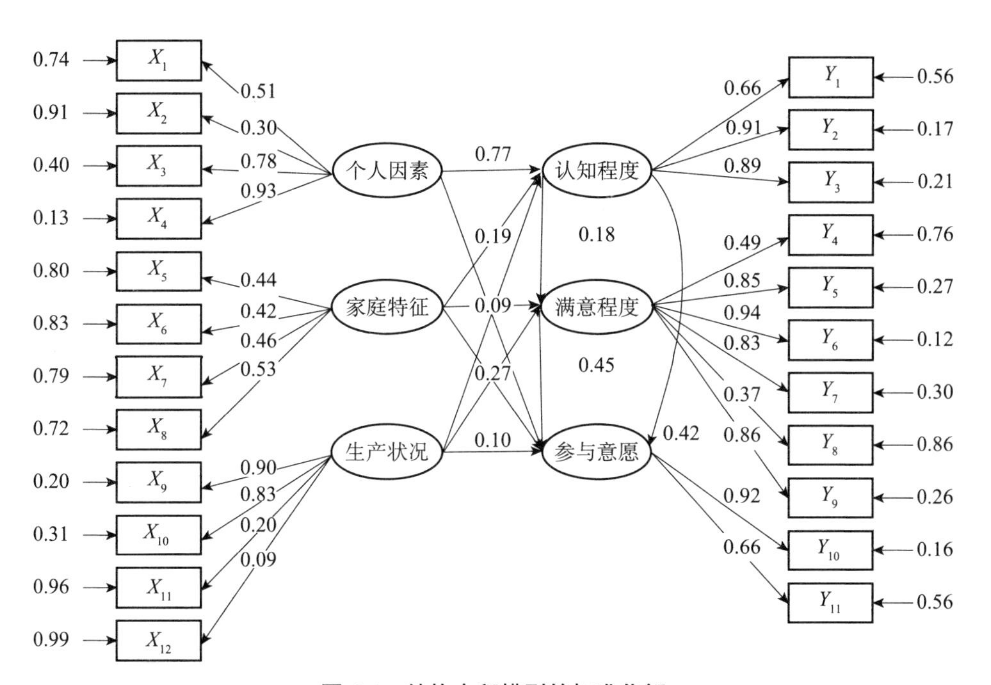

图 4-4　结构方程模型的标准化解

表 4-6　整体模型拟合度参数

拟合参数	χ^2	df	χ^2/df	GFI	AGFI	RMSEA	CFI
值	416.89	216	1.93	0.94	0.96	0.05	0.94

1. 模型拟合度

衡量模型对数据拟合程度的指标有拟合优度的卡方（chi square）检验 χ^2、近似误差的均方根RMSEA（root mean square error of approximation）、拟合优度指数 GFI（goodness of fit index）、调整拟合优度指数 AGFI（adjusted goodness of fit index）。目前对于结构方程模型的拟合指数还没有统一的标准，一般认为 $\chi^2/df<2$、GFI>0.90、AGFI>0.90、RMSEA ≤ 0.05，并且 RMSEA 的 90% 置信区间上限≤ 0.08，则模型的拟合程度较好（侯杰泰，2004；黄芳铭，2005）。模型的拟合指数如表 4-6 所示，其中，χ^2/df =1.93、GFI=0.94、AGFI=0.96、CFI=0.94、RMSEA=0.05，RMSEA 的 90% 置信区间 =（0.043，0.055）。因此，该模型具有较好的拟合优度。

各结构变量之间的标准化路径系数 t 检验值（$t>2$）都在 0.01 水平上显著，说明理论模型得到了较好的验证，实证研究支持理论假设。23 个观测变量中，用水冲突发生频率（x_{12}）标准化系数值较小（0.09），但所有观测指标 t 检验值都在 0.01 水平上显著，说明测量模型中的观测变量对特定结构变量的影响都是显著的，能够很好地解释相应的潜变量，因此没有剔除观测变量。

2. 认知程度、满意程度与参与意愿关系

三个内生结构变量之间存在显著且重要的路径关系。

认知程度对满意程度的路径系数为 0.18（t=4.08），表明农民对用水者协会的职能和组织形式等基本情况的认知对其满意程度具有正面影响。认知程度每提高 1 个单位，满意程度增加 0.18 倍。农民对用水者协会的组织形式、运行制度及职能等方面的理解和认识，直接关系到对用水者协会管理绩效的满意程度。认识越深刻，了解越多则对用水者协会的评价越客观。调查发现，农民通常会将对用水者协会的理解和期待与现实状况进行对比，评价其管理和服务绩效。有些农民认为近些年来由于用水者协会的成立，在水利设施的维护、节水技术推广和公平用水方面有了很大改善，这是协会有效管理的结果。认知程度对参与意愿的路径系数为 0.42（t=7.03），表明农民对水资源管理的认知程度对其参与协会管理的意愿具有显著的正面影响，认知程度每提高 1 个单位，参与意愿增加 0.42 倍。很多农民认为在当前用水紧张的情况下成立用水者协会是非常必要的，协会在解决用水纠纷、协调灌溉时间、水费收取等方面有着重要作用，这都是和自己的利益紧密相关的，他们会配合协会各项工作，如果有机会，也会参与协会管理工作，或者支持自己家人参与。满意程度对参与意愿的路径系数为0.45（t=3.86），表明满意程度每提高1个单位，参与意愿增加0.45倍。农民对水资源管理的满意程度显著影响着参与水资源管理的意愿。满意度高，表示对协会管理绩效持肯定态度，因此，愿意参与并支持家人参与协会管理。

3. 认知程度的影响因素分析

3个内生观测变量和3个外生结构变量对认知程度的路径系数均通过了显著性检验。内生观测变量对认知程度的贡献依次为用水者协会职能了解程度0.91，对用水者协会组织形式了解程度0.89，对用水者协会成立必要性的认知0.66。表明农民对用水者协会职能的认知水平较高，组织形式次之，必要性最低。农民对用水者协会在水费收缴、统一供水、渠系维护、解决纠纷等方面的职能非常熟悉，而对协会的人员构成、领导机构以及产生过程并不是非常清楚，对“为什么成立协会？”、“成立协会的必要性”认识还比较模糊。对认知程度影响最为显著的外生结构变量是个人因素，其次为家庭特征和生产状况，路径系数分别为0.77（t=14.62）、0.19（t=5.29）、0.09（t=12.20）。对应12个外生观测变量对认知程度的影响表现在，个人因素中，影响最显著的变量是自信程度，路径系数为$0.93 \times 0.77=0.72$，表明自信程度每增加1个单位，认知程度提高0.72倍；受教育程度次之，路径系数为$0.78 \times 0.77=0.60$，表明受教育程度每增加1个单位，认知程度提高0.72倍；家庭特征中，影响最显著的变量是家庭人均纯收入，路径系数为$0.53 \times 0.19=0.10$，表明家庭人均纯收入每增加1个单位，认知程度提高0.10倍；生产状况中，影响最显著的变量是耕地面积，路径系数为$0.90 \times 0.09=0.08$，表明耕地面积每增加1个单位，认知程度提高0.08倍。调查过程中发现，对用水者协会成立的意义，协会的主要职能和组织结构的认识程度差异较大，究其原因，一方面与认知事物本身有直接关系，在这里表现为参与式是水资源管理及用水者协会，它的普及程度以及发挥的作用又直接决定了农民的认知水平。另一方面受认知主体的影响，被调查者个人的年龄、文化水平、信息来源、关注程度、家庭背景、经济水平以及生产活动对其认知程度具有一定影响。

4. 满意程度的影响因素分析

6个内生观测变量和2个外生结构变量对满意程度的路径系数均通过了显著性检验。内生观测变量对满意程度的贡献依次为财务透明程度0.86，灌溉满足程度0.76，水费高低0.30，供水及时程度0.27，总体满意度0.26，用水设施维护0.12。表明农民对财务透明程度、灌溉用水满足程度的满意度较高，这主要是由于协会每次都将水费开支情况进行公示，农民对协会的财务管理信任度较高，而且通过协会的努力，供水量比原来有所增加，因此，满意度较高。水费、供水及时程度、用水设施维护以及总体满意程度较低。农民反映目前的水费超出了他们的承受能力，在农业生产投资中占了很大比例，此外，供水的及时性无法保证，渠系衬砌和维护还不够理想，总体上对协会满意程度不高。对满意程度影响最为显著的外生结构变量是生产状况，其次为家庭特征，路径系数分别为0.27（t=3.66），0.09（t=12.20）。农民的生产状况和家庭特征与水资源需求有直接关系，因此，也是影响水资源管理满意程度的重要因素。对应的6个外生观测变量对满意程度的影响表现在，生产状况中，影响最为显著的变量是耕地面积，路径系数为$0.90 \times 0.27=0.24$，表明耕地面积每增加1个单位，满意程度提高0.24倍；其次为农业收入占家庭总收入的比例，路径系数为$0.83 \times 0.27=0.22$，表明农业收入比例每增加1个单位，满意程度提高0.22倍。耕地规模和农业收入比例是表现家庭农业生产规模以及对农业生产依赖程度的重要指标，规模越大，对水资源的需求量越大，能否保证生产生活中的水资源需求是评价协会管理工作的重要内容，也是农民满意度的直接体现。家庭特征中，影响最为显著的变量是家庭人均纯收入，路径系数为$0.53 \times 0.09=0.05$，表明家庭人均纯收入每增加1个单位，满意程度提高0.05倍。在干旱区，水资源是制约农业生产经济效益的制约因素，也是决定性因素。因此，农民的家庭收入水平与其对水资源管理的满意程度具有重要的关系。

5. 参与意愿的影响因素分析

2个内生观测变量和3个外生结构变量对满意程度的路径系数均通过了显著性检验。内生观测变量对参与意愿的贡献依次为支持家人参与0.56，参与意愿0.16。表明支持家人参与是农民表达参与意愿的主要形式。调查中发现，部分男性由于常年外出打工，他们认为在农业生产生活中参与较少，因此，愿意支持家人参与，而部分女性则认为用水者协会管理是抛头露面的事，自信心不足，但愿意支持家人参与。对参与意愿影响最为显著的外生结构变量是家庭特征，其次为生产状况和个人因素，路径系数分别为0.27（t=3.66）、0.10（t=2.07）、0.09（t=12.20）。对应12个外生观测变量对参与意愿的影响表现在，家庭特征中，影响最为显著的变量是家庭人均纯收入，路径系数为$0.53 \times 0.27=0.14$，表明家庭人均纯收入每增加1个单位，参与意愿提高 0.14 倍；生产状况中，影响最为显著的变量是耕地面积，路径系数为 $0.90\times0.10=0.09$，表明耕地面积每增加 1 个单位，满意程度提高 0.09 倍；个人因素中，影响最为显著的变量是自信程度，路径系数为 $0.93\times0.09=0.08$。调查发现，经济条件是决定农民在社区威望的重要因素，一方面，参与用水者协会管理能够更好地满足生产和生活用水，同时，参与协会管理也是个人能力和地位的体现。

4.4.5 小结

公众参与是参与式水资源管理的必要途径和重要目标，农民对水资源管理的认知程度、满意程度和参与意愿之间有重要联系，研究通过建立结构方程模型，对调查数据进行评价和检验。结果表明，测量模型中的观测变量对潜变量具有显著影响，测量模型具有较高的目标可靠性；模型的整体拟合性能良好，结构模型中各潜变量之间的路径系数与假定基本符合；理论模型可靠，研究假设成立。从变量之间的路径关系可以看出：①农民的认知程度对其满意程度和参与意愿有显著的正面影响，满意程度对参与意愿有显著的正面影响；②个人因素对认知程度影响最显著，家庭特征和生产状况次之；生产状况对满意程度影响最显著，家庭特征次之；家庭特征对参与意愿影响最显著，生产状况和个人因素次之；③观测变量中，自信程度和受教育程度对认知程度的影响较大，耕地面积、农业收入占家庭总收入的比例、家庭人均纯收入对满意程度的影响较大；家庭人均纯收入对参与意愿的影响最大。

在研究的基础上，提出以下建议。

（1）加大宣传培训力度，提高农民认知水平。通过宣传和培训，增强农户对水资源利用、管理的认知，对用水者协会的组织形式、运行制度及职能等方面的理解和认识，以及对公众参与水资源管理的必要性和重要性的理解。

（2）提高水资源管理效率，增加农民收入，增强农民满意程度。努力提高水资源管理效率，确保生产生活用水的质量，促进农民收入增加，进而提升农民对水资源管理的满意程度。

（3）建立和完善管理制度，为农民参与创造条件。完善水资源管理中农户参与的机制和过程，在人事、财务、资源分配等比较敏感的问题上，让农民感受到协会的公平、公开，从而信任这个组织。完善农民用水者协会公众参与制度，为农民公平参与创作机会。

4.5 农民对水资源管理认知响应的性别差异

4.5.1 研究方法

1. 验证性因子分析（Confirmatory Factor Analysis，CFA）

根据理论模型，应用SPSS17.0软件对数据进行基本的整理和检验分析，计算出各指标变量之间的协方差矩阵，应用LISREL8.70软件对不同样本数据库分别进行独立的验证性因子分析，以检验所提出的理论模型和假设路径是否成立。

2. 测量等同性检验（Measurement Equivalence）

检验不能直接测量、不能直接比较的潜在变量之间在排除抽样误差之后差异是否具有显著差异，即模型是否具有跨样本的稳定性。需要进行不同组别的测量等同性检验，主要步骤有：

（1）形态相同。即同一个模型适用于所有组别，模型因子负荷（LX）、因子方差（PH）以及误差方程（TD）的形态一致。若总的拟合指数良好，则说明各组都可以用同一模型去描述。在多组比较的一系列模型检验中，模型有共同的形态是最低的要求。

（2）因子负荷等同。在模型形态相同的基础上，进一步限制各组对应的因子负荷（LX）相同，即假设各组样本的 Λx 和 Λy 的矩阵等同。通常情况下，若 $\Delta\chi^2$（自由度为 Δdf）不显著，说明卡方变化不大，加了限制后，拟合指数没有显著地变差，可以接受负荷等同的假设。

（3）误差方差等同。在因子负荷等同的基础上，检验误差方差 Θ 等同。

（4）因子方差等同。检验不同组别对于因子（ξ_j）的方差是否相等。

（5）因子协方差等同。检验不同组别对应的因子协方差即 $\Phi_{G1,\ ij}$ 与 $\Phi_{G2,\ ij}$ 是否相等。当越多的参数被设定为等同，并通过检验，说明所验证的模型具有跨样本的稳定性，理论模型具有普遍意义（侯杰泰等，2004）。

3. 均值结构模型检验（Mean Structure Models）

均值结构模型是在测量等同性检验的基础上，检验不能直接测量、不能直接比较的潜在变量之间在排除抽样误差之后差异是否达到显著，一般要求确定各组模型形态相同、因子负荷相同，是传统方差分析的推广（侯杰泰等，2004；史春云等，2008b）。在测量等同性检验后，检验指标的截距是否相等，即检验 $\tau_{G1}=\tau_{G2}$。然后检验各组因子均值是否相等，即检验 $\kappa_{G1}=\kappa_{G2}$。设定第一组的因子均值为 0，作为其他组的参照点，检验各组的值与第一组是否具有显著差异。一般来说，只要某一组有因子估计值高于 2 倍其标准误（即 $t>2.0$），则该组的该因子显著地不同于第一组。

4.5.2 研究过程

1. 数据检验

运用 SPSS17.0 统计软件对调查数据进行初步整理与检验，对于异常数据进行必要的核对、校正和剔除，对缺少的数据采用样本均值替代法进行处理，经过计算得到按性别划分的调查样本对于农民参与水资源管理认知模型中的观测变量的评价平均值以及 Cronbach Alpha 信度系数（表 4-7，表 4-8）。

表 4-7 观测变量评价

观测变量	男性		女性		观测变量	男性		女性	
	均值	标准差	均值	标准差		均值	标准差	均值	标准差
Y_1	3.842	0.700	3.827	0.710	X_2	3.980	1.342	3.960	1.330
Y_2	3.391	0.700	3.381	0.694	X_3	2.405	0.921	2.410	0.929
Y_3	3.319	0.645	3.313	0.646	X_4	3.063	1.312	3.072	1.312
Y_4	3.016	0.637	3.025	0.638	X_5	3.082	1.082	3.076	1.081
Y_5	3.030	0.594	3.032	0.597	X_6	3.049	1.123	3.068	1.111
Y_6	3.109	0.561	3.104	0.564	X_7	2.368	1.109	2.345	1.103
Y_7	2.980	0.591	2.986	0.595	X_8	3.030	1.347	2.990	1.335
Y_8	3.191	0.768	3.198	0.765	X_9	3.083	1.254	3.104	1.249
Y_9	3.240	0.537	3.245	0.549	X_{10}	3.684	0.957	3.701	0.958
Y_{10}	3.132	0.529	3.130	0.542	X_{11}	3.140	0.964	3.140	0.952
Y_{11}	4.050	0.651	4.030	0.666	X_{12}	2.460	1.288	2.480	1.278
X_1	3.240	1.098	3.245	1.090	—	—	—	—	—

表 4-8 问卷标准化信度分析表

观测变量	男	女	观测变量	男	女
协会成立的必要性 Y_1	0.434	0.410	受教育程度 X_3	0.460	0.381
对协会职能了解程度 Y_2	0.429	0.419	自信程度 X_4	0.421	0.383
对组织形式了解程度 Y_3	0.423	0.427	家庭规模 X_5	0.423	0.373
灌溉满足程度 Y_4	0.426	0.477	劳动力比例 X_6	0.427	0.382
供水及时程度 Y_5	0.410	0.363	负担系数 X_7	0.469	0.432
用水设施维护 Y_6	0.416	0.382	家庭人均纯收入 X_8	0.462	0.398
水费高低 Y_7	0.630	0.598	耕地面积 X_9	0.410	0.359
财务透明程度 Y_8	0.404	0.405	农业收入比例 X_{10}	0.455	0.431
总体满意度 Y_9	0.604	0.686	灌溉条件 X_{11}	0.419	0.390

续表

观测变量	男	女	观测变量	男	女
参与意愿 Y_{10}	0.517	0.673	用水冲突发生频率 X_{12}	0.488	0.473
支持家人参与 Y_{11}	0.422	0.370	总体信度	0.844	0.808
年龄 X_1	0.496	0.460	样本量	305	273
健康状况 X_2	0.481	0.404	—	—	—

所有单项与项目整体相关度全部大于 0.3，因此所有观察变量视为可信（Yoon Y et al.，2001），全部予以保留。整体测量指标的标准化信度 0.8 以上，说明此问卷具有较高的内在一致性。然后对调查数据进行单变项和多变项的多元正态分布检验。卡方检验结果显示，大部分数据为近似正态性分布，偏度和峰度均小于 1。黄芳铭指出由于最大似然估计法的健全性，唯有在峰度的绝对值大于 25 时，才会对估计产生足够的影响性（黄芳铭，2005）。侯杰泰等也认为在多数情况下，尤其是当样本数未达数千时，就算变量不是正态分布，最大似然法估计仍是合适的（侯杰泰等，2004），因此选择最常用的最大似然法作为模型的估计方法。

2. 验证性因子分析

运用 LISREL8.70 计算，计算所有因子协方差矩阵，估计路径系数、进行 t 检验，并对模型整体拟合度进行检验。结果表明，23 个观测变量中，所有观测指标 t 检验值都在 0.01 水平上显著，说明测量模型中的观测变量对特定结构变量的影响都是显著的，能够很好地解释相应的潜变量。通过对结构模型进行检验发现，各结构变量之间的路径系数均显著，说明理论模型得到了较好的验证，实证研究支持理论假设。对模型进行拟合度检验（表 4-9）。衡量模型对数据的拟合程度的指标有拟合优度的 χ^2、近似误差的均方根、拟合优度指数、调整拟合优度指数。一般认为 $\chi^2/df<2$、GFI>0.90、AGFI>0.90、RMSEA ≤ 0.05，并且 RMSEA 的 90% 置信区间上限≤ 0.08，则模型的拟合程度较好。模型的拟合指数中 $\chi^2/df=1.93$、GFI=0.94、AGFI=0.96、CFI=0.94、RMSEA=0.05，RMSEA 的 90% 置信区间 =（0.043，0.055），表明模型具有较好的拟合优度。

表 4-9 整体模型拟合度参数

拟合参数	χ^2	df	χ^2/df	GFI	AGFI	RMSEA	CFI
值	416.89	216	1.93	0.94	0.96	0.03	0.94

3. 多组验证性因子分析

将样本按照性别进行分组验证性因子分析，图 4-5 和图 4-6 分别为男性和女性模型的因子标准化解。可以看出，观测变量 x_2、x_{11}、x_{12} 标准化负荷值较低，但所有观察指标 t 检验值都在 0.01 水平上显著，说明模型中的观察指标对特定结构变量的影响都是显著的，能够很好地解释相应的潜变量。各结构变量之间的路径系数均是显著的，说明理论模型得到了较好的分组验证。

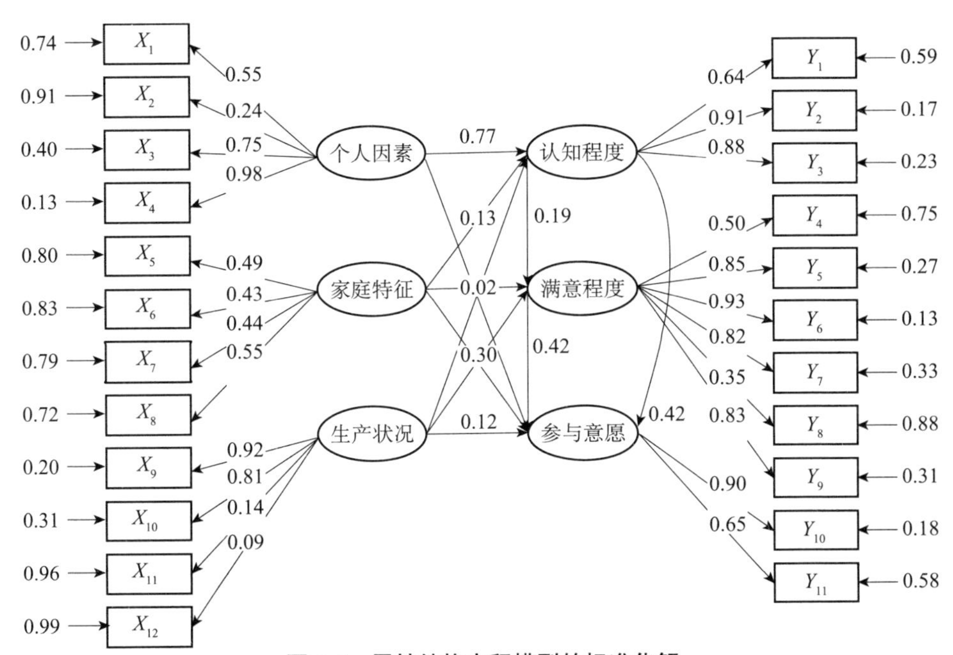

图 4-5　男性结构方程模型的标准化解

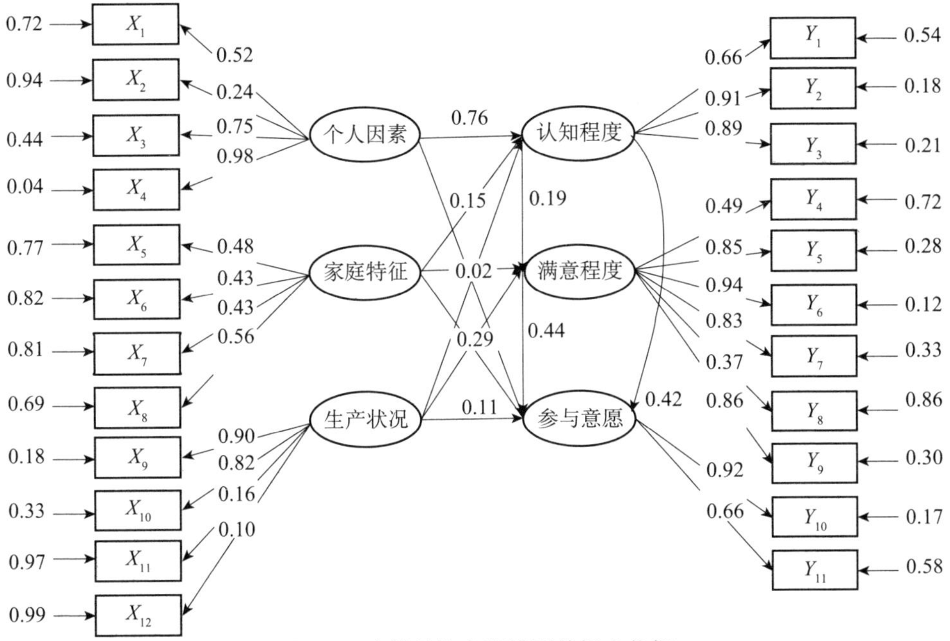

图 4-6　女性结构方程模型的标准化解

两组内生结构变量农民的认知程度、满意程度和参与意愿之间存在显著且重要的路径关系。对比发现，男性认知程度对满意程度及参与意愿的路径系数分别为 0.19（t=3.47）、0.38（t=5.23），女性路径系数分别为 0.19（t=3.12）和 0.35（t=4.67），说明男性和女性对水资源管理的认知程度对满意程度和参与意愿具有显著影响。男性和女性满意程度与参与意愿的路径系数分别为 0.42（t=2.68）和 0.44（t=2.82），说明男性和女性对水资源管理的满意程度显著影响着参与水资源管理的意愿。外生结构变量对农民认知程度、满意程度和参与意愿的影响路径均达到了显著水平。对男性和女性认知程度影响最为显著的结构变量均是个人因素，路径系数分别为 0.77（t=10.13）、0.76（t=10.18）。对男性和女性满意程度影响最为显著的结构变量是生产状况，路径系数分别为 0.30（t=2.87）、0.29（t=2.81）。对男性和女性参与意愿影响最为显著的结构变量是家庭特征，路径系数分别为 0.30（t=2.87）、0.29（t=2.81）。

4. 测量等同检验

在验证性因子分析之后，对男性和女性认知程度模型进行等同性检验，结果由表 4-10 可以看出，在两组同时估计的基础上，模型 M2 限制两组因子负荷相同，则自由度为 457，χ^2（457）=642.33，$\Delta\chi^2$（25）=20.86（$p>0.05$）不显著，ΔRMSEA=−0.007，ΔNNFI=0.000，ΔCFI=0.001，说明男性和女性认知模型的结构形态和因子负荷可以设定为等同。通过对 χ^2 增量 $\Delta\chi^2$ 和其他拟合指数的检验，接受因子负荷恒等性检验的假设，模型 M2 具有稳定性。在模型 M2 基础上，模型 M3 同时增加了因子负荷和路径系数等同的限制，$\Delta\chi^2$（15）=24.51（$p>0.05$）不显著，ΔRMSEA=−0.001，ΔNNFI=−0.01，ΔCFI=−0.02，从 χ^2 增量来看，接受因子负荷恒等性检验的假设。模型 M4 在限制因子负荷、进一步限制因子协方差等同，$\Delta\chi^2$（7）=18.42（$p>0.01$）不显著，ΔRMSEA=0.006，ΔNNFI=−0.02，ΔCFI=−0.05，从 χ^2 增量来看，接受因子负荷恒等性检验的假设。但与基准模型相比，χ^2 增量仍达显著水平。因此因素恒等性检验反映模型具有结构形态和因子负荷上的稳定性和有效性。模型 M5 在限制因子负荷、因子协方差等同的基础上，进一步限制误差方差等同，$\Delta\chi^2$（8）=18.25（$p>0.01$）不显著，ΔRMSEA=0.011，ΔNNFI=−0.02，ΔCFI=−0.05，从 χ^2 增量来看，接受因子负荷恒等性检验的假设。与模型 M1 相比，$\Delta\chi^2$ 未达显著水平，ΔRMSEA=0.014，ΔNNFI=−0.05，ΔCFI=−0.010，χ^2 增量仍达显著水平。

表 4-10　测量等同性检验的拟合指数

		df	Chi-Square	RMSEA	NNFI	CFI
M0 男	男单独估计	216	319.65	0.036	0.947	0.951
M0 女	女单独估计	216	301.82	0.048	0.938	0.944
M1	两组同时估计不设限	432	621.47	0.039	0.938	0.944
M2	负荷相同	457	642.33	0.041	0.937	0.943
M3	负荷，PH 等同	472	668.84	0.042	0.936	0.941
M4	负荷、因子协方差等同	479	686.26	0.048	0.934	0.936
M5	负荷、因子协方差、误差方差等同	487	704.51	0.050	0.933	0.934
M6	负荷、因子协方差、误差方差等同、截距等同	503	736.26	0.053	0.921	0.926
M7	负荷、因子协方差、误差方差等同、截距等同、因子均值自由估计	491	716.86	0.051	0.924	0.930

5. 均值结构模型

通过对男性和女性认知模型的测量等同性检验，验证了两组理论模型具有形态相同、因子负荷、路径系数、因子协方差和误差方差，模型 M6 在限制因子负荷、因子协方差、误差方差等同的基础上，进一步限制因子截距等同，$\Delta\chi^2$（16）=31.75（p>0.01）不显著，ΔRMSEA=0.03，ΔNNFI=−0.12，ΔCFI=−0.08，从χ^2增量来看，接受因子负荷恒等性检验的假设，因此具备均值比较的前提条件。由于因子本身没有测量单位，所以选择男性作为参照，检验女性各因子与男性的均值差异。设定男性各因子均值为 0，容许女性各因子均值自由估计，结果表明（表 4-10，表 4-11），χ^2（513）=716.86（p>0.05）。女性认知程度均值为 −0.05，略低于男性，两组差异未达到显著性水平（t=−1.25）；女性满意程度略高于男性，两组差异未达到显著性水平（t=0.68）；女性参与意愿均值为 −0.04，显著低于男性（t=−4.96，p<0.05）。女性和男性对水资源管理组织成立的必要性、组织形式、主要职能、相关制度及运行方式等问题的认识，以及水资源管理绩效的满意程度差异不大，但参与水资源管理的意愿男性较女性更加强烈。

表 4-11　均值结构模型比较结果

结构变量	认知程度	满意程度	参与意愿
估计值	−0.05	0.02	−0.04
标准误	0.04	0.03	0.01
t 值	−1.25	0.68	−4.96

4.5.3 小结

公众参与和性别平等是集成水资源管理的基本原则，也是提高水资源管理绩效的重要途径，通过问卷调查获取性别分离的数据，运用 LISREL 软件，建立农民对水资源管理的认知—态度—响应模型。结果表明：

（1）结构模型中各潜变量之间的路径系数与假定基本符合，模型的整体拟合性能良好，理论模型可靠。

（2）分组模型中，男性和女性对水资源利用管理的认知程度对其满意度和参与意愿都有显著的正面影响，满意程度对参与意愿有正面积极的影响；个人因素对男性和女性认知程度影响最为显著，表明年龄、受教育程度、健康状况、自信程度对农民的认知程度有显著的正面影响；生产状况对男性和女性满意程度影响最为显著，表明家庭耕地面积、农业收入比例、灌溉条件以及用水冲突等因素对农民的满意程度有显著的正面影响；家庭特征对男性和女性参与意愿影响最为显著，表明家庭规模、劳动力数量、负担系数等因素对农民的参与意愿有显著的正面影响。

（3）对测量模型等同性检验和均值检验，结果表明男性的认知程度略高于女性，满意程度女性略高于男性，均没有达到显著水平，男性参与水资源管理的意愿显著高于女性。其原因主要在于以下方面。

其一，男性受教育程度整体高于女性，男性和外界接触的机会多，获取信息广泛，因此，对水资源利用管理政策制度及用水者协会组织的相关内容比女性了解更多，认识更深刻。

其二，男性在社区中的地位远高于女性，社区活动一般都由男性参加，只有男性不在家的时候女性才去参加，因此，女性对用水者协会的关注程度不如男性。

其三，女性由于自身文化水平及管理能力不如男性，家庭劳动负担重，自信程度不足，因此，参与农民用水者协会管理的意愿也比男性弱。

为了确保水资源管理的公平和可持续性，保证充分、广泛的公众参与，在未来水资源管理政策制定和实施过程以及水资源管理组织建立和实际工作中，应关注以下方面。

第一，农民认知是提高满意度和参与意愿的基础，重视基础教育，提高农民科学文化素质，增强自信，并通过加强宣传和培训，让农民获取更多的水资源利用、管理知识，正确理解农民用水者协会这个基层组织的性质、职能、组织形式、运行机制，从而增加农民对水资源利用管理的认知。

第二，协会各项工作应遵循公平公开原则，做到人事、财务、资源分配等决策透明化，重点提高基础设施、供水效率、水价、调节矛盾等农民非常关心的问题，增强农民对协会管理的满意度和正面评价。

第三，从制度上支持鼓励农民积极参与水资源管理，为公平参与创造机会，促进水资源管理中的性别平等，在决策中重视妇女的需求、知识、观点以及水资源管理的能力，从数量上保证妇女参与，在衡量协会运作和绩效评价的标准中，将性别平等纳入评价用水者协会运行和管理的指标体系。

5 黑河中游农户对水资源管理的响应

我国自改革开放以来，特别是实行家庭联产承包责任制以来，农户是广大农村投资、经营等经济活动的主体，是农村土地利用最基本的决策单位（刘洪彬等，2012；李小建等，2009；李小建，2010）。随着粮食市场和劳动力市场的开发，农户在作物选择上拥有更大的空间和自由度（郝海广等，2011）。作为土地利用的直接参与者，农户的作物选择将直接影响农作物的种植结构和空间布局。探明农户作物选择的行为机制及其产生的农作物空间格局，是提高水资源管理效率，优化种植结构，确保粮食安全以及政策制定的重要依据和基础。国内外许多学者已经对农户作物选择行为和影响因素开展了深入研究。Seo N S，Mendelsohn R（2008）利用 Logistic 模型对南美农民在面对气候变化时所采取的决策措施进行了研究；Mariano 等（2012）利用 Logistic 模型和 Poison 估计的方法研究了社会、经济、环境等多因素对农户种植的影响。Ekasingh B 等（2005，2009）运用 Data Mining 方法模拟了农户作物选择机制。国内学者在农户作物选择方面也作了大量研究，在单一作物选择方面，主要有农户对油料作物种植意愿（朱慧等，2012）、水稻新品种的选择影响因素（李冬梅等，2009）等研究；对于作物选择影响因素和机制的研究，主要有自然因素（刘珍环等，2013）、社会经济（石淑芹等，2013）、家庭属性（夏天等，2013）对农户选择种植作物的影响机制、非农就业对农户种植多样性的影响（钟太洋，黄贤金，2012）；从研究区域和尺度来看，主要有农牧交错区（郝海广等，2011）、大城市郊区典型区域（刘洪彬等，2012）和以黑龙江省宾县为例的县域尺度（张莉等，2013）农户作物选择因素研究；在研究方法上，最典型的是基于 logistic 模型的影响因素、作物种植分布模拟研究（吴文斌等，2007）。此外，余强毅等基于农户行为建立 CroPaDy 模型，对农作物的空间格局变化进行了模拟（余强毅等，2013）。现有研究多偏重农户作物选择的影响因素或者农作物空间格局，而对于农户作物选择行为与作物空间格局的关系研究尚待加强，此外，对于水资源在作物选的影响作用研究比较少（李玉敏，王金霞，2009）。在干旱区，水资源是影响灌溉农业发展的关键因素，对土地利用、覆盖变化起着决定性作用。农户的作物选择是联系水资源与土地利用的纽带，是对水资源管理政策的响应，区域农作物空间格局则是农户微观行为产生的宏观效应。

因此，水资源约束下的农户作物选择机制，并模拟不同水资源供给情景下农作物空间格局变化，研究结论可为农户作物选模型构建，优化农作物结构，水资源需求管理和耕地资源可持续利用提供科学依据。

5.1 干旱区农户作物选择行为机理

农户农作物选择决策可视为农户根据自身家庭属性，对其所处农业系统的自然—社会—经济因素进行的具体响应及结果（Yu Q Y et al.，2012）。农户作物选择的决策目标为利润最大化，而同时，必须满足自然、社会、经济系统中对于特定作物生产的限制性因素。决策过程表现为在现有生产资料和对风险预期条件下的作物类型选择，以及种植数量和作物种植空间位置的组合，即“种什么”、“种多少”和“种在哪儿”的问题。决策结果在微观层面表现为农户的作物类型和土地利用安排，宏观上表现为作物种植结构、在空间上表现为土地利用和农业景观格局（图 5-1）。

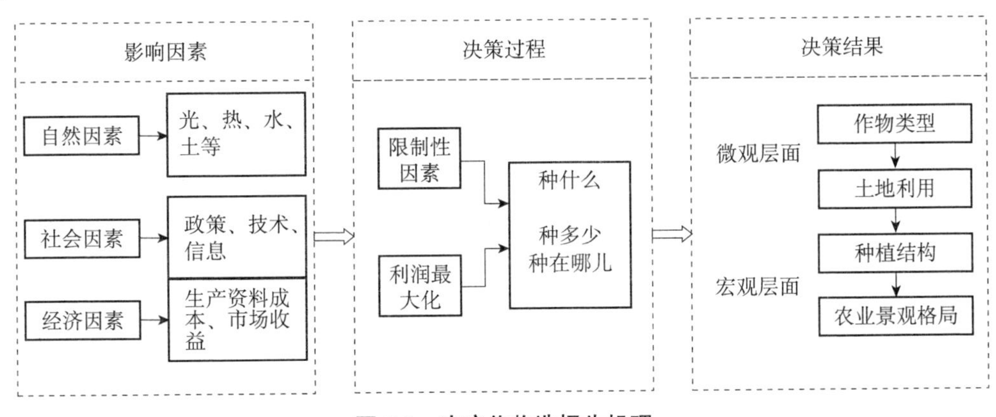

图 5-1 农户作物选择为机理

在干旱区，水资源是农业生产最主要的限制性因素，水资源的质量和供应时间决定了可种植的作物类型。农户是灌溉水资源利用和管理的关键因素，也是联系水与土地利用的纽带，通过接受水资源管理约束，响应水资源的配置，最终表现在宏观层面上的土地利用景观格局，以土地利用的方式对土地覆盖变化、种植结构等起作用。

5.2 研究方法及数据获取

5.2.1 决策树基本原理

决策树（Decision Tree）模型，也称规则推理模型，通过对训练样本的学习，建立分类规则，依据分类规则，实现对新样本的分类，属于有指导（监督）式的学习方法，有两类变量：目标变量（输出变量）和属性变量（输入变量）。决策树模型与一般统计分类模型的主要区别在于决策树的分类是基于逻辑的，一般统计分类模型是基于非逻辑的。

决策树方法最早产生于20世纪60年代。到20世纪70年代末，由J. Ross Quinlan提出了ID3算法，此算法的目的在于减少树的深度，但是忽略了叶子数目的研究。C4.5算法在ID3算法的基础上进行了改进，对于预测变量的缺值处理、剪枝技术、派生规则等方面作了较大改进，既适合于分类问题，又适合于回归问题。

决策树构造的输入是一组带有类别标记的例子，构造的结果是一棵二叉树或多叉树。二叉树的内部节点（非叶节点）一般表示为一个逻辑判断，如形式为$a=a_j$的逻辑判断，其中a是属性，a_j是该属性的所有取值，树的边是逻辑判断的分支结果。多叉树（ID3）的内部节点是属性，边是该属性的所有取值，有几个属性值就有几条边。树的叶子节点都是类别标记。

由于决策树具有以下优点：首先，使用者不需要了解很多背景知识，只要训练事例能用属性—结论的方式表达出来，就能用该算法学习；其次，决策树模型效率高，对训练集数据量较大的情况较为适合；再次，分类模型是树状结果，简单直观，可将到达每个叶节点的路径转换为IF-THEN形式的规则，易于理解；最后，决策树方法具有较高的分类精确度（元昌安，2009）。

5.2.2 决策树算法

决策树是一种树状结构，它的每一个树节点可以是叶节点，对应着某一类，也可以对应着一个划分，将该节点对应的样本集划分成若干个子集，每一个子集对应一个节点。对一个分类问题或规则学习问题，决策树的生成是一个自上而下、分而治之的过程。利用决策树算法构造决策树分类模型，首先利用训练集建立决策树模型，找到训练集中各个属性之间的关系；然后根据这个决策树模型对输入数据进行分类。工作过程如图 5-2 所示。

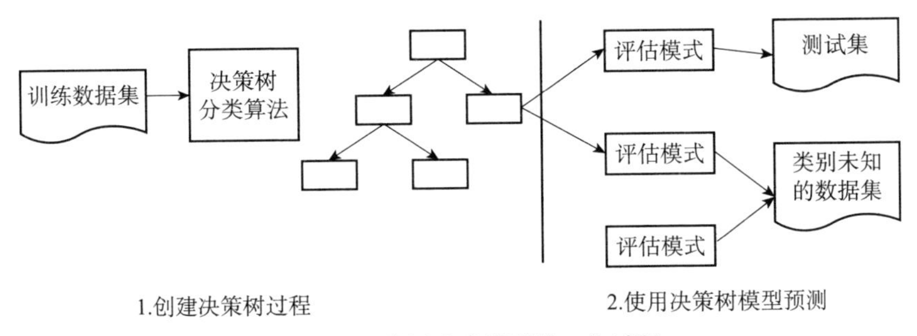

图 5-2　决策树分类模型的工作过程

决策树算法的相关定义如下：

（1）给定一个训练数据 $D=\{d_1,d_2,\cdots d_n\}$，其中每个实例 $d_i=(t_1,t_2,\cdots t_n)$，t_n 称为例子，训练数据集中包含以下属性 $A=\{A_1,A_2,\cdots A_n\}$。同时给定类别集合 $C=\{C_1,C_2,\cdots C_n\}$。对于训练数据集 D，决策树是指具有以下性质的树：

①每个内部节点都被标记一个属性 A_i。

②每个弧都被标记一个值 v_k，这个值 v_k 对应于相应父节点的属性。

③每个叶片节点都被标记一个类 C_j。

（2）分裂准则 q_i 为在决策树算法中将训练数据集 D 中的元组划分为个体类的最好的方法与策略，它告诉我们在节点 N 上测试哪个属性合适，如何选择测试与测试的方法，从节点 N 上应该生长出哪些分支。

（3）分裂属性 X_i 为决策树种每个内部节点都对应的一个用于分裂数据集的属性，$X_i \in A=\{A_1,A_2,\cdots A_n\}$。

（4）如果 X_i 是连续属性，那么分裂准则 q_i 的形式为 $X_i \leqslant x_i$，其中 $x_i \in X_i$，x_i 就称为节点 N 的分裂点。

（5）如果 X_i 是离散属性，那么 q_j 的形式为 $x_i \in Y_i$，其中 $Y_i \in X_i$，Y 就称为节点 N 的分裂点。

分裂准则是决策树算法的关键，根据使用分裂准则的不同，目前决策树算法可以分为两类：基于信息论（Information Theory）的方法和最小 GINI 指标（Lowest GINI Index）。对应前者的算法有 ID 系列算法和 C4.5 算法；对应后者的有CARPT、SLIQ和SPRINT算法。决策树算法的大体框架都是采用自上而下递归的方法构造决策树。首先根据所使用的分裂方法来对训练集递归地划分并建立树节点，直至满足下面两个条件之一，算法才停止运行。

（1）训练数据集中每个子集的记录项全都属于一类或某一个类占压倒性的多数。

（2）生产的树节点满足某个终止的分裂准则。最后，建立起决策树分类模型（元昌安，2009）。

各种决策树算法之间的主要区别就是对“差异”衡量方式的区别。

C5.0是经典的决策树模型的算法之一，可生成多分支的决策树，目标变量为分类变量。C5.0决策树算法由C4.5算法改进而成，分类依据是信息增益（Information Gain），根据信息增益最大的字段对样本数据进行分割，此外，为了提高分类精度，需要对决策树各叶子进行裁剪或合并，最后确定各叶子的最佳阈值。决策树算法具有效率高、结果易于理解和解释等优点。与C4.5决策树相比，C5.0决策树为了提高分类精度，在分类的过程中增加了Boosting算法。Boosting算法依次建立一系列决策树，后建立的决策树重点考虑以前被错分和漏分的数据，最后生成更准确的决策树。通常可以用如下的方法计算C5.0决策树算法中的信息增益：设训练样本数据集中有m个独立的类C_i，i=1，2，…m，R_i为数据集S中属于类C_i（i=1，2，…m）的子集，子集R_i中元组的数量用r_i表示，则集合S在分类中的期望信息量可以用以下公式（5-1）表示（柯新利，边馥苓，2010；Tan P N，2006）：

$$I(r_1,r_2,\cdots,r_n)=-\sum_{i=1}^{n}p_i\log 2(p_i) \tag{5-1}$$

其中，p_i为任意样本属于类C_i的概率，$p_i=r_i/|S|$。S为训练样本数据集中的元组数量。设属性A共有v个不同的取值$\{a_1,a_2,\cdots,a_v\}$，则可以根据属性A把数据集划分为v个子集。令S_j为在数据集S中属性A的取值为a_j的子集，i=1，2，…v。在分类的过程中，如果A被选为决策属性，则根据属性A可以将数据集划分到不同的分枝中。如果用S_{ij}表示S_j子集中属于C_i类的元组的数量，则属性A对于分类C_i，i=1，2，…m的熵可由公式（5-2）计算。

$$\mathrm{E}(A)=\sum_{j=1}^{n}\frac{S_{1j}+\cdots+S_{mj}}{|S|}i(S_{1j}+\cdots+S_{mj}) \tag{5-2}$$

令$W_j=\dfrac{S_{1j}+\cdots+S_{mj}}{|S|}$，则$W_j$为子集$S_j$在数据集S中的比重，可以看

作是子集 S_j 的权重。上式中，属性 A 的每个取值对分类 C_i 的期望信息量 $I(S_{1j},\cdots,S_{mj})$ 可由公式（5-3）得出。

$$I(S_{1j},\cdots,S_{mj})=-\sum_{i=1}^{m}p_{ij}\log 2(p_{ij}) \tag{5-3}$$

式中 $p_{ij}=S_{ij}/|S|$，表示子集 S_j 中属于类 C_i 的比重。

通过上述计算，可以得到对属性 A 作为决策分类属性的度量值（称为信息增益），如公式（5-4）所示。

$$\text{Gain}(A)=I(r_1,r_2,\cdots r_m)-E(A) \tag{5-4}$$

由于信息增益在把数据集划分为更小的子集时，对于变量的取值存在一定的偏差。为了减少这种偏差，利用公式（5-5）计算得到信息量［*SplitInfo*（*S*，*v*）］：

$$SplitInfo(S,v)=\sum_{i=1}^{m}\frac{|S_i|}{|S|}\times\log_2\frac{|S_i|}{|S|} \tag{5-5}$$

从根据公式（5-6）而可以得到增益率（*GrainRatio*）：

$$GainRatio=\frac{Gain(S,v)}{SplitInfo(S,v)} \tag{5-6}$$

由于数据表示不当、有噪声或者由于决策树生成时产生重复的子树等原因，都会造成产生的决策树过大。因此，简化决策树是一个不可缺少的环节。寻找一棵最优决策树，主要应解决以下 3 个最优化问题。

（1）生成最少数目的叶子节点。

（2）生成的每个叶子节点的深度最小。

（3）生成的决策树叶子节点最少，且每个叶子节点的深度最小（元昌安，2009）。

目前主要使用如下几个标准评价决策树模型（元昌安，2009）。

预测准确性：该指标描述分类模型准确预测新的或未知的数据类的能力。从数据分类中获取的有用信息量及其准确程度将直接决定决策行为的准确性。

模型强健性：是对模型预测准确性的一个补充，是在存在噪声数据、数据缺损、数据冗余等情况下，模型的适应能力及准确分类的能力。

描述的简洁性：该指标是对分类模型描述问题的方式及该描述方式的可理解水平进行评价。模型越简洁，就越易于理解。

计算复杂性：计算复杂性依赖于具体的实现细节，由于操作对象通常是巨量数据库，因此空间和时间的复杂性将直接影响生产与使用模型的计算成本。

处理规模性：在巨量数据的情况下构造模型的能力，以及构造分类模型的精确度。

决策树的复杂度和分类精度是评价决策树所需要考虑的两个最重要的因素，二者之间的关系如图 5-3 所示：

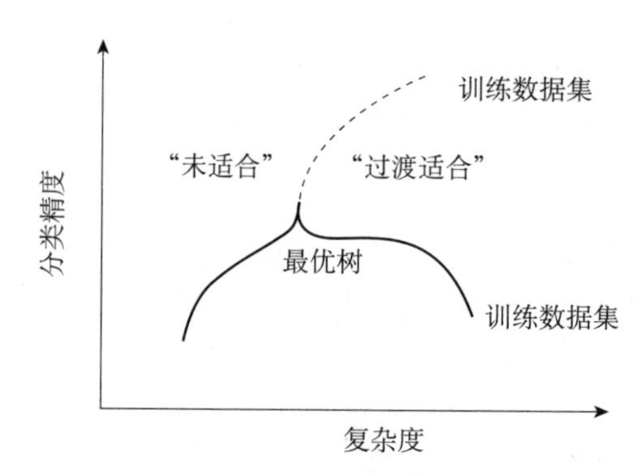

图 5-3　决策树分类精度和复杂度关系图

5.2.3　数据获取

本研究是从水资源约束角度出发，研究农户作物选择的机制，因此选择水资源供需矛盾突出的黑河流域。水资源是干旱区社会、经济、生态矛盾的焦点，灌溉农业是其经济命脉，地处黑河中游下段的高台县最具典型性，因此作为研究的区域。高台县辖 8 个灌区，以农户为调查对象，2010 ～ 2012 年进行了 2 次调查。根据随机抽样方法选择 60 个行政村，获取 578 个有效样本和 1176 个作物种植记录。调查内容主要包括农户基本情况、土地利用、作物种植、收入、支出、灌溉等（见附录Ⅰ）。此外，对应 1176 个作物类型记录的空间位置，根据作物种植情况将临近位置的相同作物进行合并，共采集 300 个调查点的经纬度数据。

5.3　黑河中游农民对水资源管理响应模型

5.3.1　指标选取

农民的种植决策行为受很多因素的影响，借鉴前人研究成果（Seo N S，Mendelsohn R，2008；Mariano M J et al.，2012），结合高台县的农业生产情况，选择灌区、灌溉次数、预期作物成本、预期收入、家庭劳动力系数等变量研究农民作物选择规律，指标说明及赋值如表 5-1 所示，主要作物耗水量排序（由高到低）见表 5-2。大棚蔬菜、普通蔬菜为高耗水作物，玉米耗水量次之，不同的玉米品种和种植方式耗水量具有差异。制种玉米需要通过灌溉调节来确保父本与母本花期相遇，因而耗水较多。玉米与相对省水的作物小麦或孜然套种，需水量相对较小。孜然、马铃薯、胡麻为最节水的作物，需水量非常小。

表 5-1　决策树分类指标体系

指标	说明	赋值
灌区	—	1= 大湖湾；2= 六坝；3= 罗城；4= 骆驼城；5= 友联；6= 三清；7= 新坝和红崖子
预期成本	种植单位面积作物的成本	1= 小于 300；2=[300 ～ 500）；3=[500 ～ 700）；4=[700 ～ 900）；5= 大于 900
预期收入	单位面积作物的收入	1= 小于 1200 元；2=[1200 ～ 2000）；3=[2000 ～ 2800）；4=[2800 ～ 3600）；5= 大于 3600
灌溉方式		1= 河水；2= 河水与井水；3= 井水
灌溉次数	特定作物的灌溉次数	[2，3，4，5，6，7，8，9，10，15]
单位土地劳动力	家庭农业劳动力 / 耕地面积	1= 小于 0.2；2=[0.2 ～ 0.4）；3=[0.4 ～ 0.6）；4=[0.6 ～ 0.8）；5= 大于 0.8
家庭耕地面积	家庭实际种植耕地面积	—
农业劳动力比例	农业劳动力 / 家庭总人口	1= 小于 0.2；2=（0.2 ～ 0.4]；3=（0.4 ～ 0.6]；4=（0.6 ～ 0.8]；5=（0.8 ～ 1.0]
是否希望从事非农业劳动	—	0= 不希望；1= 不希望
灌溉是否及时	—	0= 不及时；1= 及时
是否为农民用水者协会成员	—	0= 不是；1= 是
是否有贷款	—	0= 没有；1= 有

表 5-2 主要作物及耗水量排序

作物	耗水量排序	作物	耗水量排序	作物	耗水量排序
大棚蔬菜	1	制种西瓜	7	啤酒大麦	13
蔬菜	2	大豆	8	胡麻	14
制种玉米	3	番茄	9	马铃薯	15
商品玉米	4	制种花卉	10	紫花草	16
玉米 + 小麦	5	小麦	11	孜然	17
玉米 + 孜然	6	棉花	12	—	—

5.3.2　建立模型

根据作物预期成本、预期收入、灌区、灌溉次数、灌溉方式、家庭劳动力系数的属性对调查样本进行分类。假定在每个灌区都可以种植很多类型的作物，通过农民对作物的利润期望和其现有资源条件，如资本（如预期作物成本、土地和劳动力获取、灌溉方式、灌溉次数等），选择作物类型。建立决策树来预测在特定的资源获取假设条件下，农民会种植什么作物。

将调查样本数据进行预处理，运用 SPSS Clementine 12.0 软件，用全部数据建立决策树，采用 10 倍交叉验证进行准确性评价，计算混淆矩阵，进行节点评估，检验模型的整体拟合情况。

5.3.3 模拟结果

将作物的预期成本、预期收入、灌区、灌溉次数、灌溉方式、家庭劳动力系数作为输入变量，将作物类型作为输出变量，用 C5.0 算法进行模拟。结果表明，进入决策树分类模型的变量为作物成本、种植收入、灌区、灌溉次数、灌溉方式、家庭劳动力系数。

最终建立的决策树（图 5-4）包含 15 个叶节点。模型的分类记录总数为 1176，正确分类记录为 1040，正确率为 88.44%，错误分类记录 136 个，错误率为 11.56%（表 5-3）。该决策树共有 15 个叶几点，平均每个叶节点的记录数量为 73。因 SPSS Clementine 12.0 软件 C5.0 算法中，默认对决策树进行全局剪枝，因此，最终得到的决策树分类错误率保持稳定，不存在过度拟合现象。表明模型拟合较好，具有较强的解释能力。

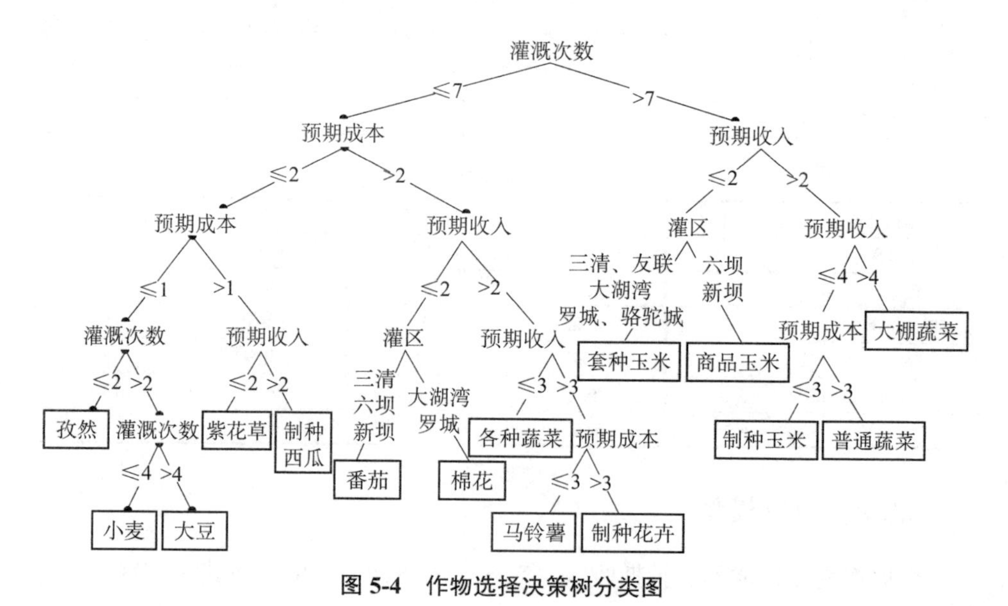

图 5-4　作物选择决策树分类图

表 5-3　作物类型的决策树分类正确率

正确	1 040	88.44%
错误	136	11.56%
总计	1 176	—

表 5-4 为混淆矩阵，表明每类作物正确和错误分类的记录数量。正确分类的样本数量位于对称矩阵的对角线，错误分类的样本数量位于同一列的其他位置，表明该类型的作物被错误分到其他类型的记录数量。有 68 个商品玉米的记录被错误地分到了套种，14 个啤酒大麦记录被分到了小麦，12 个胡麻记录被分到了小麦，35 个番茄样本被分到了棉花。每种类型的作物错误分类的数量越少，表明分类正确率越高。每种类型的错误分类成本相同，这往往会使记录数量少的作物类型被忽略，在这个数据库训练和检验过程中都会存在这种情况。通常情况下可以将这些记录重复计算，结果表明，分类正确率明显增加，但由于产生的决策树非常复杂，因此没有采用其结果。

表 5-4　预测作物类型的混淆矩阵（行表示实际值）

	制种玉米	制种蔬菜	制种西瓜	商品玉米	大棚蔬菜	大豆	套种	孜然	小麦	普通蔬菜	棉花	马铃薯	番茄	紫花草	制种花卉
制种玉米	216	0	0	0	0	0	0	0	0	0	0	0	0	0	0
制种蔬菜	0	50	0	0	0	0	0	0	0	0	0	0	0	0	0
制种西瓜	0	0	104	0	0	0	0	0	0	0	0	0	0	0	0
商品玉米	0	0	0	31	0	0	68	0	0	0	0	0	0	0	0
啤酒大麦	0	0	0	0	0	0	0	0	14	0	0	0	0	0	0
大棚蔬菜	0	0	0	0	24	0	0	0	0	0	0	0	0	0	0
大豆	0	0	0	0	0	17	0	0	0	0	0	0	0	0	0
套种	0	0	0	7	0	0	242	0	0	0	0	0	0	0	0
孜然	0	0	0	0	0	0	0	29	0	0	0	0	0	0	0
小麦	0	0	0	0	0	0	0	0	121	0	0	0	0	0	0
普通蔬菜	0	0	0	0	0	0	0	0	0	22	0	0	0	0	0
棉花	0	0	0	0	0	0	0	0	0	0	85	0	0	0	0
马铃薯	0	0	0	0	0	0	0	0	0	0	0	30	0	0	0
番茄	0	0	0	0	0	0	0	0	0	0	35	0	16	0	0
紫花草	0	0	0	0	0	0	0	0	0	0	0	0	0	29	0
胡麻	0	0	0	0	0	0	0	0	12	0	0	0	0	0	0
制种花卉	0	0	0	0	0	0	0	0	0	0	0	0	0	0	24

从分类规则（表 5-5）可以看出灌溉次数是作物选择最重要的因素，因为在黑河中游，水资源是农业生产的限制性因素，农民首先会考虑水资源的约束。当灌溉次数小于 7 次时，可选择的作物为小麦、孜然、大豆、紫花草、制

种西瓜、番茄、棉花、制种蔬菜、马铃薯、制种花卉等作物。在此基础上，依次根据预期成本和预期收入选择作物，表明在有限的灌溉条件下，预期成本和预期收入是相对重要的因素。高成本一般会产生高利润，但相应的风险也大，因此，农民对投资风险的考虑以及对利润的权衡是影响作物选择的关键因素。当灌溉次数大于 7 时，可选择的作物有玉米套种、制种玉米、商品玉米、大棚蔬菜和普通蔬菜。这些都是耗水量相对较大的作物，只有在水资源有充分保证的情况下，农民才会选择这些作物。在此基础上，预期收入是相对重要的决策因素，玉米套种和商品玉米预期收入相对较低，在不同的灌区会有不同的选择，这取决于劳动力需求，在决策树中没有表现出来。而制种玉米、大棚蔬菜和普通蔬菜预期收入和预期成本都相对较高，相应的风险也较大。

表 5-5　作物选择决策树分类规则

规则 1 - 估计的准确性 88.44% [加 88%]

- 灌溉次数 ≤ 7 [模式：小麦]
    - 预期成本 ≤ 2 [模式：小麦]
        - 预期成本 ≤ 1 [模式：小麦]
            - 灌溉次数 ≤ 2 [模式：孜然] ≥ 孜然
            - 灌溉次数 > 2 [模式：小麦]
                - 灌溉次数 ≤ 4 [模式：小麦] ≥ 小麦
                - 灌溉次数 > 4 [模式：大豆] ≥ 大豆
        - 预期成本 > 1 [模式：制种西瓜]
            - 预期收入 ≤ 2 [模式：紫花草] ≥ 紫花草
            - 预期收入 > 2 [模式：制种西瓜] ≥ 制种西瓜
    - 预期成本 > 2 [模式：棉花]
        - 预期收入≤ 2 [模式：棉花]
            - 灌区 in [“三清”“六坝”“新坝”] [模式：番茄] ≥ 番茄
            - 灌区 in [“友联”“骆驼城”] [模式：棉花] ≥ 棉花
            - 灌区 in [“大湖湾”“罗城”] [模式：棉花] ≥ 棉花
        - 预期收入 > 2 [模式：制种蔬菜]
            - 预期收入 ≤ 3 [模式：制种蔬菜] ≥ 制种蔬菜
            - 预期收入 > 3 [模式：马铃薯]
                - 预期成本 ≤ 3 [模式：马铃薯] ≥ 马铃薯
                - 预期成本 > 3 [模式：制种花卉] ≥ 制种花卉
- 灌溉次数 > 7 [模式：套种（玉米）]
    - 预期收入 ≤ 2 [模式：套种（玉米）]
        - 灌区 in [“三清”“友联”“大湖湾”“罗城”“骆驼城”] [模式：套种（玉米）] ≥ 套种（玉米）
        - 灌区 in [“六坝”“新坝”] [模式：商品玉米] ≥ 商品玉米
    - 预期收入 > 2 [模式：制种玉米]
        - 预期收入 ≤ 4 [模式：制种玉米]
            - 预期成本 ≤ 3 [模式：制种玉米] ≥ 制种玉米
            - 预期成本 > 3 [模式：普通蔬菜] ≥ 普通蔬菜
        - 预期收入 > 4 [模式：大棚蔬菜] ≥ 大棚蔬菜

作物选择决策树分类节点评价如图 5-5 所示。

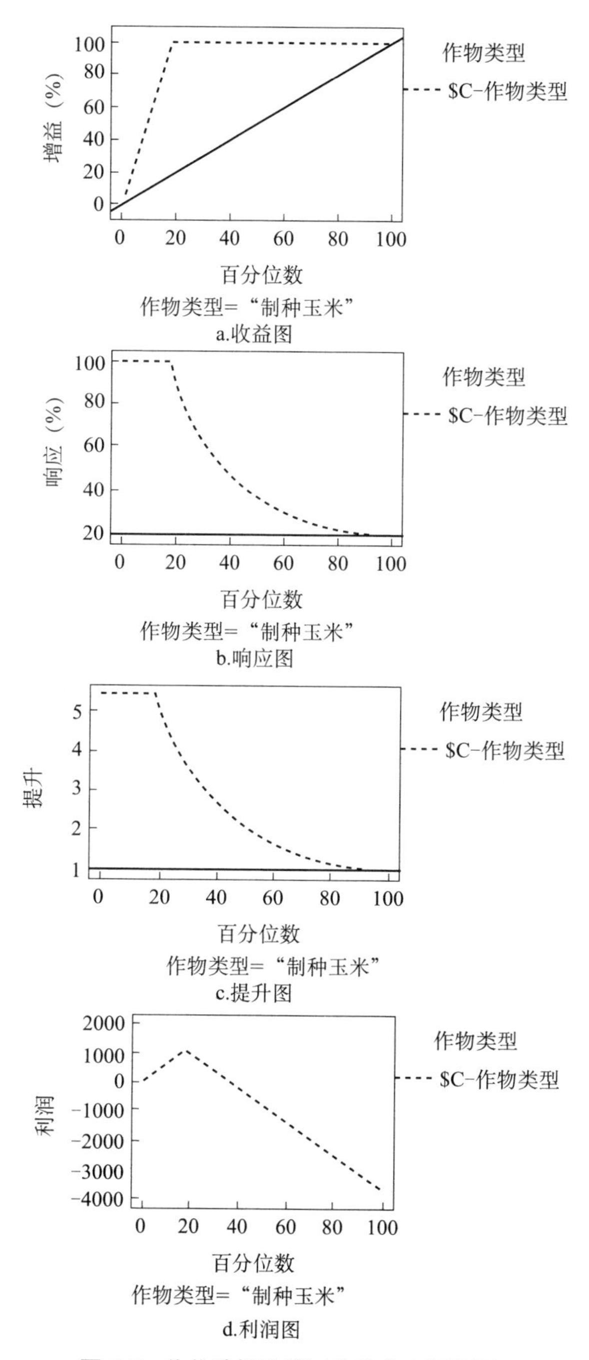

图 5-5　作物选择决策树分类节点评价图

收益图（a）表示每个分位点上预测成功总数的百分比，计算公式为：（百分点位上的成功数 / 总的成功数）×100%。结果表明，该模型收益曲线迅速上升，至 20% 分位点，接近 100%，表明模型累积收益值较高，模型拟合较好。

响应图（b）表示简单的分位点中的成功数占记录数的百分比，计算公式为：（分位点中的成功数 / 分为点中的记录数）×100%。结果表明，响应图与收益图恰好对应，从 0 开始一直为 100%，至 20% 分位点，迅速下降，表明模型保持在较高的稳定状态。

提升图（c）表示每个分位点中预测成功数占记录数的百分比与在训练数据中成功数所占百分比的比较，计算公式为：（分位点中成功数 / 分位点中的记录数）/（总成功数 / 总记录数）。结果表明，从左端 1.0 开始，当分位点向右移动时，模型保持在一个高度稳定的水平上。

利润图（d）表示每个记录的收入减去此记录的成本，一个分位点的利润就是分位点中所有记录利润的简单加总，假设只有成功记录才有利润，而所有记录都有成本，计算公式为：分位点中所有记录收入总和 – 分位点中所有记录成本总和。结果表明，随着记录的增加，在 20% 分位点处，利润逐渐达到最高水平（1000），随后逐渐下降，表明模型总体利润水平较高。

5.4 农民对水资源管理响应的情景模拟

一般情况下，每个区域可选择的作物不止一种，因此，农民对种植作物的决策行为受资金、劳动力数量、利润最大化假设、土地以及水资源利用管理状况等多方面的影响。高台县地处西部干旱区，水资源短缺是制约农业发展的瓶颈。近年来，水资源供应方式发生了重大变化。2000 ～ 2008 年水资源供应趋势表明（图 5-6），地表水利用占总用水量的比例呈下降趋势，地下水比例呈增加趋势。假设水资源利用总量基本保持不变，则地表水利用量会呈减少趋势，地下水利用量大幅增加。如果不采取任何限制措施，水资源供应方式的这种变化趋势在近期内对井灌区影响不大，而对于以地表水灌溉为主的区域有一定影响。根据 2000 ～ 2008 年地表水供应量预测，如果按照张掖市水资源规划方案，将地下水开采量限制在允许开采量 1.31 亿 m^3 以内，按照目前的灌溉水平，平均灌溉次数将会减少 1 次，对井灌区则会产生一定影响。将地表水（情景 1）和地下水（情景 2）供应减少 1 次两种不同情景，模拟农民决策行为的变化。

假设农民追求利润最大化，当灌溉次数减少时，会导致作物减产，农民会选择利润和成本相当，但灌溉需求小的作物。

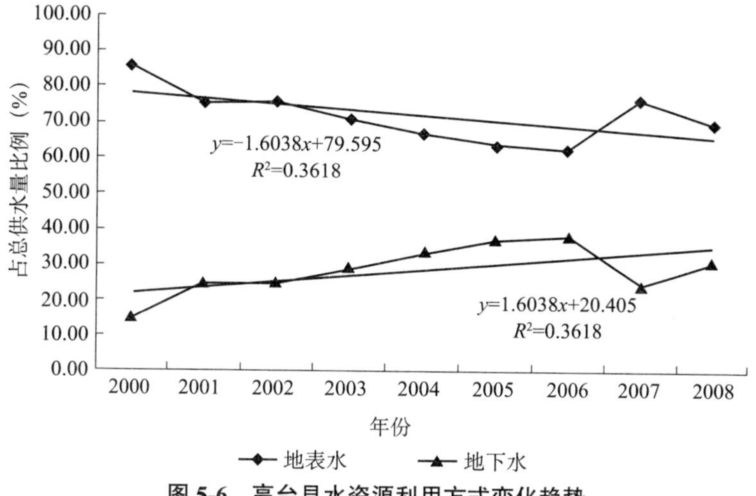

图 5-6　高台县水资源利用方式变化趋势

5.4.1　情景 1：地表水供应减少

建立的决策树包含 19 个叶节点。模型的分类记录总数为 1176，正确分类记录为 1059，正确率为 90.09%，错误分类记录 117 个，错误率为 9.91%（表 5-6）。

表 5-6　情景 1 作物类型的决策树分类正确率

正确	1 059	90.09%
错误	117	9.91%
总计	1 176	—

表 5-7 为混淆矩阵，表明每类作物正确和错误分类的记录数量。有 22 个棉花记录被分到了番茄，4 个棉花记录被分到了紫花草，14 个番茄样本被分到了棉花。每种类型的作物错误分类的数量越少，表明分类正确率越高。

表 5-7　情景 1 预测作物类型的混淆矩阵（行表示实际值）

	制种玉米	制种西瓜	大棚蔬菜	大豆	套种	孜然	小麦	普通蔬菜	棉花	马铃薯	番茄	紫花草	制种花卉	制种蔬菜
制种玉米	127	0	0	0	0	0	0	0	0	0	0	0	0	0
制种西瓜	0	113	0	0	9	0	0	0	0	0	0	0	0	0
商品玉米	0	0	0	0	34	0	0	0	0	0	0	0	0	0

续表

	制种玉米	制种西瓜	大棚蔬菜	大豆	套种	孜然	小麦	普通蔬菜	棉花	马铃薯	番茄	紫花草	制种花卉	制种蔬菜
啤酒大麦	0	0	0	0	0	0	14	0	0	0	0	0	0	0
大棚蔬菜	0	0	24	0	0	0	0	0	0	0	0	0	0	0
大豆	0	0	0	17	0	0	0	0	0	0	0	0	0	0
套种	0	0	0	0	298	0	0	0	0	0	0	0	0	0
孜然	0	0	0	0	0	29	0	0	0	0	0	0	0	0
小麦	0	0	0	0	0	0	121	0	0	0	0	0	0	0
普通蔬菜	0	0	0	0	0	0	0	19	0	0	0	0	0	0
棉花	0	0	0	0	0	0	0	0	64	0	22	4	0	0
马铃薯	0	0	0	0	0	0	0	0	0	30	0	0	0	0
番茄	0	0	0	0	0	0	0	0	14	0	38	0	0	0
紫花草	0	0	0	0	0	0	0	0	0	0	0	29	0	0
胡麻	0	0	0	0	0	0	12	0	0	0	0	0	0	0
制种花卉	0	0	0	0	0	0	0	0	0	0	0	0	46	0
制种蔬菜	0	3	0	0	0	0	0	0	0	0	0	5	0	91

图 5-7 表明，该决策树共有 19 个叶几点，平均每个叶节点的记录数量为 64。因 SPSS Clementine 12.0 软件 C5.0 算法中，默认对决策树进行全局剪枝，因此，最终得到的决策树分类错误率保持稳定，不存在过度拟合现象。

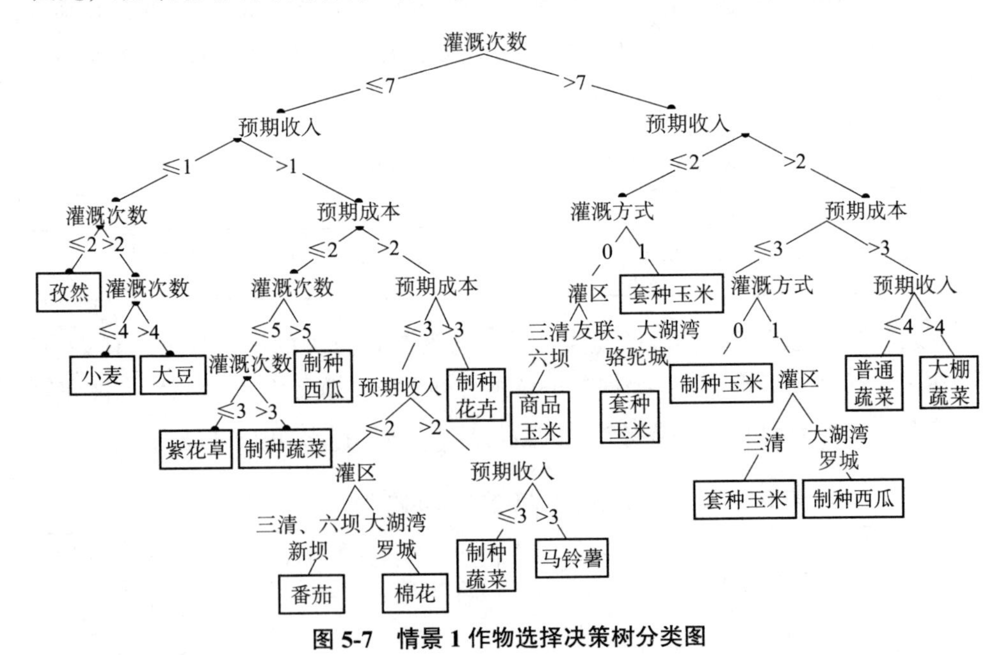

图 5-7　情景 1 作物选择决策树分类图

从分类规则（表 5-8）可以看出，在地表水供应减少的情况下，灌溉次数是作物选择最重要的因素，因为从近年来水资源供应方式来看，地表水对农业用水的贡献基本在60%以上，因此，地表水供应量减少对农业生产的限制性表现得更加明显，农民首先会考虑水资源的约束。当灌溉次数小于7次时，可选择的作物为小麦、孜然、大豆、紫花草、制种西瓜、番茄、棉花、制种蔬菜、马铃薯、制种花卉等作物。这些作物基本属于节水作物，灌溉次数减少对它们

表 5-8　情景 1 作物选择决策树分类规则

规则 1 - 估计的准确性 91.9% [加 91.4%]
灌溉次数 ≤ 7 [模式：小麦]
　　预期收入 ≤ 1 [模式：小麦]
　　　　灌溉次数 ≤ 2 [模式：孜然] ≥ 孜然
　　　　灌溉次数 > 2 [模式：小麦]
　　　　　　灌溉次数 ≤ 4 [模式：小麦] ≥ 小麦
　　　　　　灌溉次数 > 4 [模式：大豆] ≥ 大豆
　　预期收入 > 1 [模式：制种西瓜]
　　　　预期成本 ≤ 2 [模式：制种西瓜]
　　　　　　灌溉次数 ≤ 5 [模式：紫花草]
　　　　　　　　灌溉次数 ≤ 3 [模式：紫花草] ≥ 紫花草
　　　　　　　　灌溉次数 > 3 [模式：制种蔬菜] ≥ 制种 蔬菜
　　　　　　灌溉次数 > 5 [模式：制种西瓜] ≥ 制种西瓜
　　　　预期成本 > 2 [模式：制种蔬菜]
　　　　　　预期成本 ≤ 3 [模式：制种蔬菜]
　　　　　　　　预期收入 ≤ 2 [模式：棉花]
　　　　　　　　　　灌区 in [“三清”“六坝”“新坝”] [模式：番茄] ≥ 番茄
　　　　　　　　　　灌区 in [“友联”“骆驼城”] [模式：棉花] ≥ 棉花
　　　　　　　　　　灌区 in [“大湖湾”“罗城”“罗成”] [模式：棉花] ≥ 棉花
　　　　　　　　预期收入 > 2 [模式：制种蔬菜]
　　　　　　　　　　预期收入 ≤ 3 [模式：制种蔬菜] ≥ 制种蔬菜
　　　　　　　　　　预期收入 > 3 [模式：马铃薯] ≥ 马铃薯
　　　　　　预期成本 > 3 [模式：制种花卉] ≥ 制种花卉
灌溉次数 > 7 [模式：套种（玉米）]
　　预期收入 ≤ 2 [模式：套种（玉米）]
　　　　灌溉方式 ≤ 0 [模式：套种（玉米）]
　　　　　　灌区 in [“三清”“六坝”] [模式：商品玉米] ≥ 商品玉米
　　　　　　灌区 in [“友联”“大湖湾”“骆驼城”] [模式：套种（玉米）] ≥ 套种（玉米）
　　　　　　灌区 in [“新坝”“罗城”] [模式：套种（玉米）] ≥ 套种（玉米）
　　　　灌溉方式 > 0 [模式：套种（玉米）] ≥ 套种（玉米）
　　预期收入 > 2 [模式：制种玉米]
　　　　预期成本 ≤ 3 [模式：制种玉米]
　　　　　　灌溉方式 ≤ 0 [模式：制种玉米] ≥ 制种玉米
　　　　　　灌溉方式 > 0 [模式：套种（玉米）]
　　　　　　　　灌区 in [“三清”] [模式：套种（玉米）] ≥ 套种（玉米）
　　　　　　　　灌区 in [“六坝”“友联”“新坝”“骆驼城”] [模式：套种（玉米）] ≥ 套种（玉米）
　　　　　　　　灌区 in [“大湖湾”“罗城”] [模式：制种西瓜] ≥ 制种西瓜
　　　　预期成本 > 3 [模式：大棚蔬菜]
　　　　　　　　预期收入 ≤ 4 [模式：普通蔬菜] ≥ 普通蔬菜
　　　　　　　　预期收入 > 4 [模式：大棚蔬菜] ≥ 大棚蔬菜

影响不大。在此基础上，依次根据预期成本和预期收入选择作物，表明在有限的灌溉条件下，预期成本和预期收入是相对重要的因素。高成本一般会产生高利润，但相应的风险也大，因此，农民对投资风险的考虑以及对利润的权衡是影响作物选择的关键因素。当灌溉次数大于 7 时，可选择的作物有玉米套种、制种玉米、商品玉米、大棚蔬菜和普通蔬菜。这些都是耗水量相对较大的作物，只有在水资源充分保证的情况下，农民才会选择这些作物。因此，在井灌区，地表水供应量的减少不会造成显著影响，在此基础上，进一步根据预期收入和灌溉方式选择作物。而在地表水灌溉为主的灌区，如三清、罗城、大湖湾等灌区农民会选择玉米套种、制种西瓜等耗水量相对较低的作物。

从节点评估结果（图 5-8）来看，收益曲线（a）迅速上升，至 15% 分位点处，接近 100%，表明模型累积收益值非常高，模型拟合非常好。响应图（b）从 0 处开始一直为 100%，至 15% 分位点，迅速下降，表明模型保持在较高的稳定状态。提升图（c）左端开始，当模型保持在一个高度稳定的水平上，当分位点向右移动时，迅速下降。利润图中（d），随着记录的增加，在 15% 分位点处，利润逐渐达到最高水平（约 600），随后逐渐下降，表明模型总体利润水平较高。

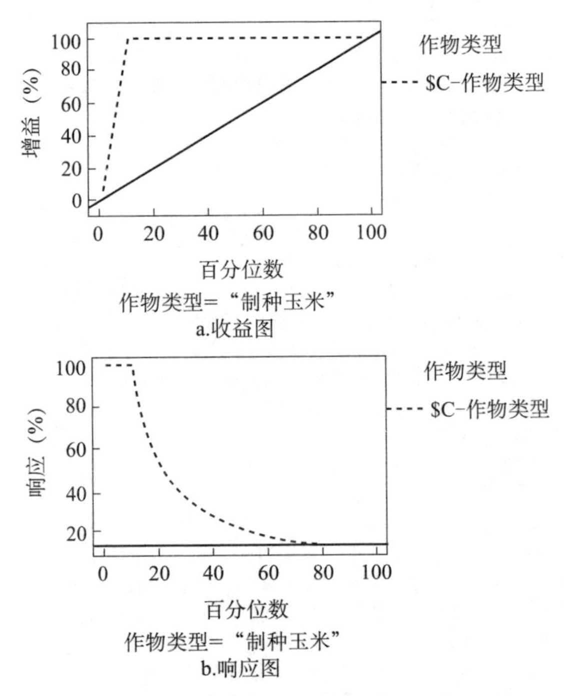

图 5-8 情景 1 作物选择决策树分类节点评价图

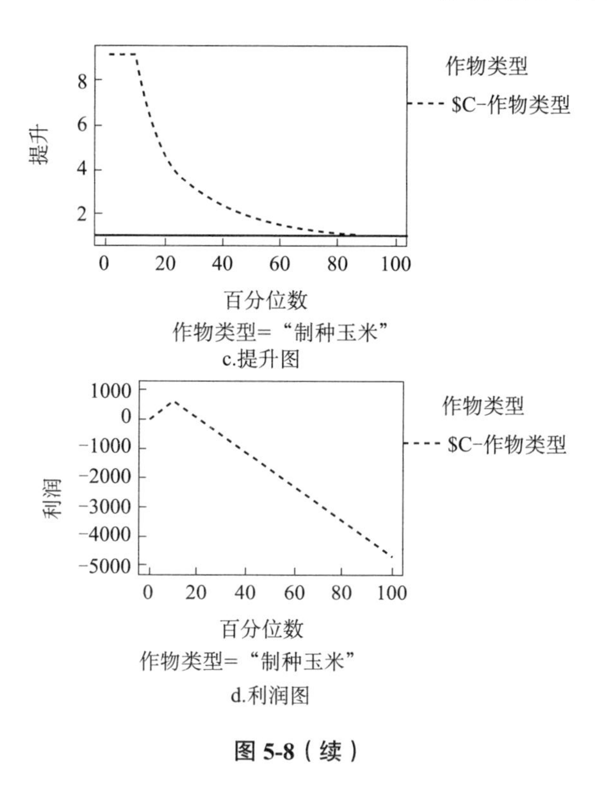

c.提升图

d.利润图

图 5-8（续）

5.4.2 情景 2：地下水供应减少

建立的决策树包含 16 个叶节点，模型的分类记录总数为 1176，正确分类记录为 1075，正确率为 91.41%，错误分类记录 101 个，错误率为 8.59%（表 5-9）。

表 5-9 情景 2 作物类型的决策树分类正确率

正确	1 075	91.41%
错误	101	8.59%
总计	1 176	—

表 5-10 为混淆矩阵，表明每类作物正确和错误分类的记录数量。有 37 个商品玉米记录被分到了套种，14 个啤酒大麦记录被分到了小麦，12 个胡麻记录被分到了小麦，35 个番茄样本被分到了棉花。每种类型的作物错误分类的数量越少，表明分类正确率越高。

表 5-10　情景 2 预测作物类型的混淆矩阵（行表示实际值）

	制种玉米	制种蔬菜	制种西瓜	商品玉米	大棚蔬菜	大豆	套种	孜然	小麦	普通蔬菜	棉花	马铃薯	番茄	紫花草	制种花卉
制种玉米	160	0	0	0	0	0	0	0	0	0	0	0	0	0	0
制种蔬菜	0	80	0	0	0	0	0	0	0	0	0	0	0	0	0
制种西瓜	0	0	184	0	0	0	0	0	0	0	0	0	0	0	0
商品玉米	0	2	0	61	0	0	37	0	0	0	0	0	0	0	0
啤酒大麦	0	0	0	0	0	0	0	0	14	0	0	0	0	0	0
大棚蔬菜	0	0	0	0	24	0	0	0	0	0	0	0	0	0	0
大豆	0	0	0	0	0	17	0	0	0	0	0	0	0	0	0
套种	0	0	0	1	0	0	193	0	0	0	0	0	0	0	0
孜然	0	0	0	0	0	0	0	29	0	0	0	0	0	0	0
小麦	0	0	0	0	0	0	0	0	121	0	0	0	0	0	0
普通蔬菜	0	0	0	0	0	0	0	0	0	22	0	0	0	0	0
棉花	0	0	0	0	0	0	0	0	0	0	85	0	0	0	0
马铃薯	0	0	0	0	0	0	0	0	0	0	0	30	0	0	0
番茄	0	0	0	0	0	0	0	0	0	0	35	0	16	0	0
紫花草	0	0	0	0	0	0	0	0	0	0	0	0	0	29	0
胡麻	0	0	0	0	0	0	0	0	12	0	0	0	0	0	0
制种花卉	0	0	0	0	0	0	0	0	0	0	0	0	0	0	24

图 5-9 表明，该决策树共有 16 个叶节点，平均每个叶节点的记录数量为 78。因 SPSS Clementine 12.0 软件 C5.0 算法中，默认对决策树进行全局剪枝，因此，最终得到的决策树分类错误率保持稳定，不存在过度拟合现象。

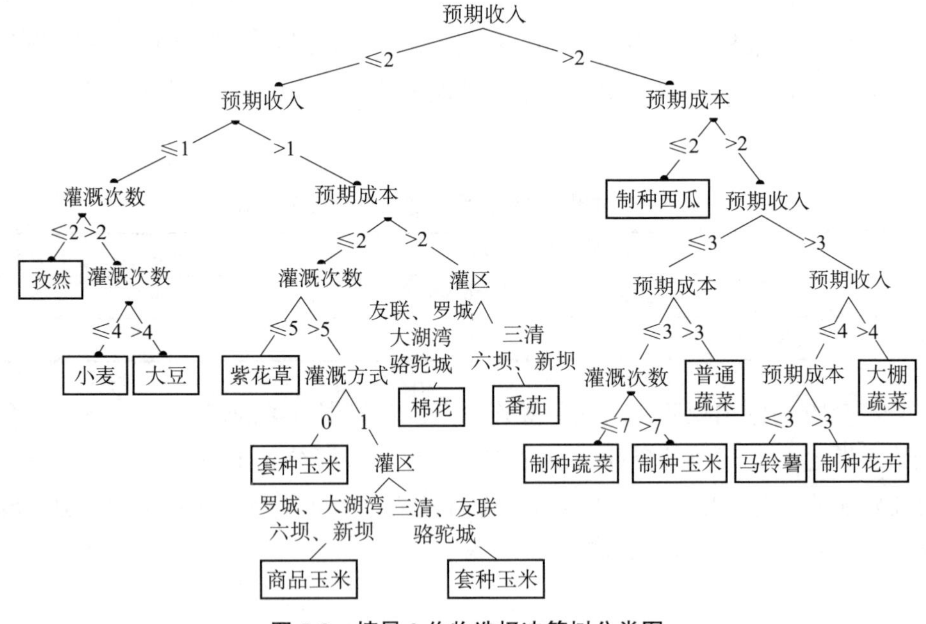

图 5-9　情景 2 作物选择决策树分类图

从决策树（图 5-9）和分类规则（表 5-11）可以看出，在地下水供应减少的情况下，预期收入是农民选择作物考虑的最重要因素，依次为灌溉次数和预期成本，农民主要综合考虑这三个因素来选择作物。当预期收入为 1 时，可选择的作物主要有孜然、小麦、大豆，这些作物耗水量相对较低，孜然最低，依次为小麦和大豆。在预期成本相同的条件下，耗水量最小的作物为紫花草，而套种、商品玉米耗水较多，农民会根据灌溉方式选择。预期收入较高的作物主要有大棚蔬菜、制种花卉和马铃薯。在预期收入和成本相同的条件下，制种西瓜相对于制种玉米耗水量较低。地下水开采限制会对井灌区各种作物造成不同程度的影响，对需水量较大的作物如制种玉米、商品玉米、套种玉米等作物影响相应较大，由于水资源供应量不能满足作物生长需要会导致减产。因此，农民为了保证利润最大化，将会选择预期利润和成本相当、耗水量相对少的作物，如制种西瓜、制种蔬菜、制种花卉等。

表 5-11　情景 2 作物选择决策树分类规则

规则 1 - 估计的准确性 91.41% [加 88.9%]
预期收入 ≤ 2 [模式：套种（玉米）]
　　预期收入 ≤ 1 [模式：小麦]
　　　　灌溉次数 ≤ 2 [模式：孜然] ≥ 孜然
　　　　灌溉次数 > 2 [模式：小麦]
　　　　　　灌溉次数 ≤ 4 [模式：小麦] ≥ 小麦
　　　　　　灌溉次数 > 4 [模式：大豆] ≥ 大豆
　　预期收入 > 1 [模式：套种（玉米）]
　　　　预期成本 ≤ 2 [模式：套种（玉米）]
　　　　　　灌溉次数 ≤ 5 [模式：紫花草] ≥ 紫花草
　　　　　　灌溉次数 > 5 [模式：套种（玉米）]
　　　　　　　　灌溉方式 = 0 [模式：套种（玉米）] ≥ 套种（玉米）
　　　　　　　　灌溉方式 = 1 [模式：商品玉米]
　　　　　　　　　　灌区 in [“三清” “友联” “罗城” “骆驼城”] [模式：套种（玉米）] ≥ 套种（玉米）
　　　　　　　　　　灌区 in [“六坝” “大湖湾” “新坝”] [模式：商品玉米] ≥ 商品玉米
　　　　预期成本 > 2 [模式：棉花]
　　　　　　灌区 in [“三清” “六坝” “新坝”] [模式：番茄] ≥ 番茄
　　　　　　灌区 in [“友联” “骆驼城”] [模式：棉花] ≥ 棉花
　　　　　　灌区 in [“大湖湾” “罗城”] [模式：棉花] ≥ 棉花
预期收入 > 2 [模式：制种西瓜]
　　预期成本 ≤ 2[模式：制种西瓜] ≥ 制种西瓜
　　预期成本 > 2 [模式：制种玉米]
　　　　预期收入 ≤ 3 [模式：制种玉米]
　　　　预期成本 ≤ 3 [模式：制种玉米]
　　　　　　灌溉次数 ≤ 7 [模式：制种蔬菜] ≥ 制种蔬菜
　　　　　　灌溉次数 > 7 [模式：制种玉米] ≥ 制种玉米
　　　　预期成本 > 3 [模式：普通蔬菜] ≥ 普通蔬菜
　　预期收入 > 3 [模式：马铃薯]

续表

预期收入 ≤ 4 [模式：马铃薯] 预期成本 ≤ 3 [模式：马铃薯] ≥ 马铃薯 预期成本 > 3 [模式：制种花卉] ≥ 制种花卉 预期收入 > 4 [模式：大棚蔬菜] ≥ 大棚蔬菜

从节点评估结果（图 5-10）来看，收益曲线迅速上升，至 18% 处，接近 100%，表明模型累积收益值非常高，模型拟合非常好。响应图从 0 处开始一直为 100%，至 18% 分位点，迅速下降，表明模型保持在较高的稳定状态。提升图标左端开始，当模型保持在一个高度稳定的水平上，当分位点向右移动时，迅速下降。利润图中，随着记录的增加，在 18% 分位点处，利润逐渐达到最高水平（约 900），随后逐渐下降，表明模型总体利润水平较高。

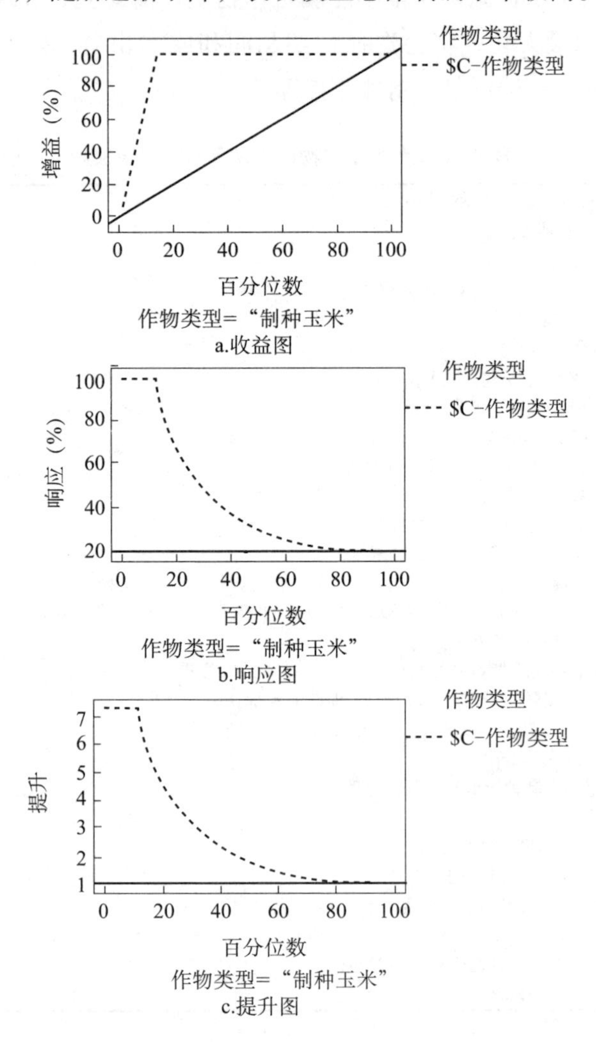

图 5-10 情景 2 作物选择决策树分类图

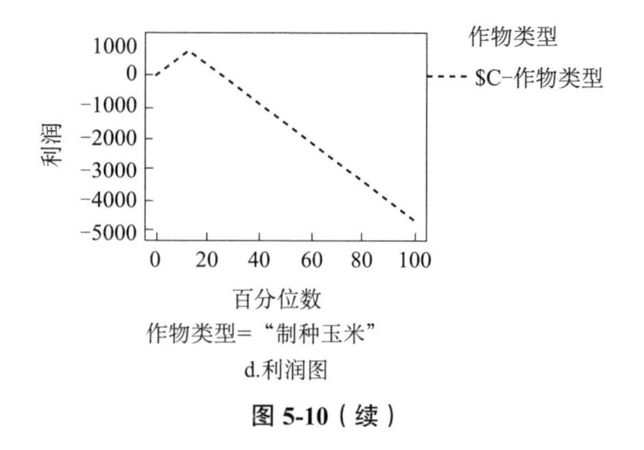

作物类型=“制种玉米”

d.利润图

图 5-10（续）

5.5 种植结构及土地利用景观格局分析

5.5.1 种植结构变化

根据调查样本统计（彩图 1），主要的作物为制种玉米（37.3%）和套种（26.2%），共占 63.5%，套种主要有玉米套种小麦和玉米套种孜然两种形式，相对于其他玉米种植方式来说耗水量较小。在其他作物中，商品玉米和小麦比例较大，分别占 8.5% 和 8.3%；棉花、制种西瓜、番茄、制种蔬菜种植比例较小，分别占 4.1%、3.1%、2.6%、2.2%；胡麻、孜然、大豆、马铃薯、啤酒大麦、蔬菜、紫花草、制种花卉等作物种植比例很小，共占 8.3%。

情景 1 中（彩图 2），套种（34.9%）、制种玉米（21.5%）和制种蔬菜为主要的种植作物，共占 80%。在其他作物中，小麦（8.2%）、棉花（4.0%）和商品玉米（3.1%）比例相对较大，共占 15.3%。其余作物种植比例非常小，共占 4.7%。

情景 2 中（彩图 3），套种制种比例最大，占 39.0%，制种玉米和商品玉米次之，分别占 17.3% 和 9.7%，这三种作物共占 76%。此外，制种蔬菜（8.3%）、小麦（8.2%）和棉花（4.0%）种植比例相对较大，共占 20.5%。其他作物种植面积相对较小，共占 3.5%。

三种情景比较发现（图 5-11），由于情景 1 设定地表水供应减少，导致种植结构发生了一定变化，套种比例从 26.2% 增加到了 34.9%，成为种植比例最大的作物，制种蔬菜由 0.6% 增加到了 14.4%。制种玉米从 37.7% 减少到 21.5%，商品玉米从 8.5% 减少到了 3.1%，其他作物变化不大。结果表明，地表水供应减少，导致种植结构和种植模式发生了较大变化，由原来高耗水的制种玉米和商品玉米为主，转变为耗水量相对较小的套种以及制种蔬菜，由原来大田种植模式向套种模式转变，充分说明了地表水资源约束对种植结构的影响。由于情景 2 中地下水供应减少，种植结构发生了变化。套种玉米由 26.2% 增加到了 39.0%，制种蔬菜由 0.6% 增加到了 8.3%，制种玉米由 37.7% 减少到了 17.3%，其他作物变化不大。这表明，地表水供应减少，导致种植结构和种植模式发生了较大变化，由原来高耗水的制种玉米为主，转变为耗水量相对较小的套种以及制种蔬菜，由原来大田种植模式向套种模式转变，充分说明了地下水资源对种植结构的影响。

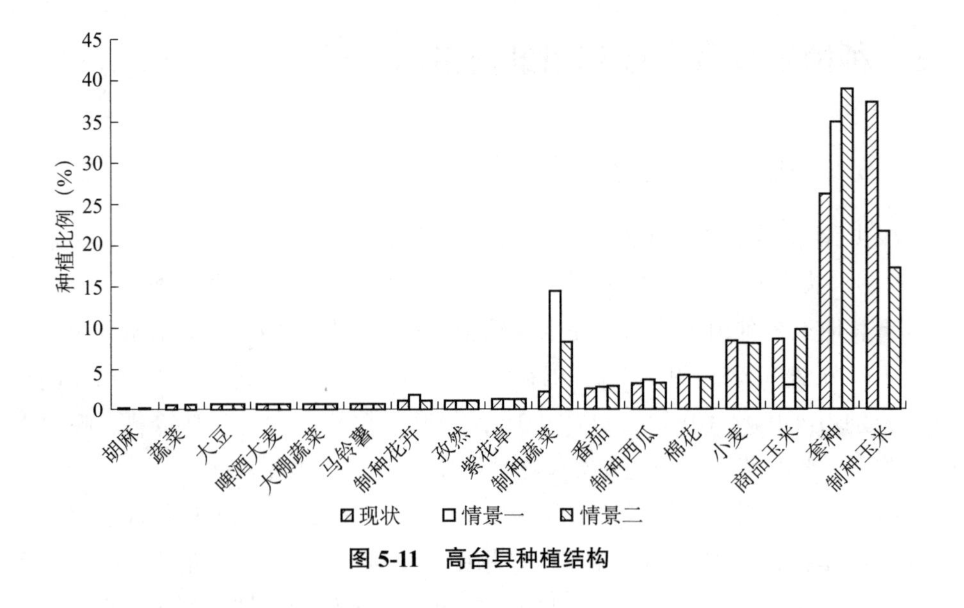

图 5-11　高台县种植结构

5.5.2　土地利用景观格局变化

以 2010 年土地利用图为底图，提取耕地图层，根据野外调查获取的 300 个 GPS 定位观测点和决策树预测结果进行空间插值，分析不同情景下的土地利用景观。

彩图 4（a）表明，目前套种玉米（小麦或孜然）、制种玉米和商品玉米占了很大比例，在每个灌区都有分布。骆驼城灌区以井灌为主，近年来地下水开采力度非常大，水资源相对丰富，以耗水量较高的制种玉米为主，有少量商品玉米、制种蔬菜和套种，作物类型相对单一。新坝和红崖子灌区海拔较高，灌溉方式为地表水，由于水库渗漏，工程性缺水严重，种植结构以低耗水作物为主，如小麦、马铃薯、大豆、紫花草、制种花卉、啤酒大麦，玉米等高耗水作物相对于其他灌区较少。

黑河干流以河水灌溉为主，自上而下，从三清灌区至罗城灌区，套种面积逐渐增多，制种玉米和商品玉米等高耗水作物逐渐减小，耗水量高的大棚蔬菜及普通蔬菜主要分布在上游，耗水量较低的棉花、制种西瓜和番茄主要分布在下游。

彩图 4（b），在情景 1 中，由于地表水供应减少，黑河干流各灌区制种玉米、商品玉米等高耗水作物面积减少，套种面积增加，制种蔬菜、制种西瓜等耗水量相对小的作物种植积增加。罗城灌区种植结构变化最大，制种西瓜和制种蔬菜面积显著增加。新坝和红崖子灌区制种玉米面积减少，制种花卉和制种蔬菜面积增加。

彩图 4（c）表明，在情景 2 中，由于地下水供应减少，以井灌为主的骆驼城灌区制种玉米面积减少，套种面积增加。由于原来水资源相对充足，地下水减少 1 次对种植结构影响不大，还是以高耗水的玉米为主。

5.6 小结

5.6.1 结论

（1）作物所需的灌溉次数是作物选择最重要的因素。高台县地处西北干旱区，水资源是农业生产的限制性因素，农民首先会考虑水资源的约束。当水资源充足时，农民会将预期收入作为首要因素，当水资源不足时，农民会将预期成本作为首要因素。灌溉次数、预期收入和成本都满足时，灌区是影响作物选择的主要因素。

（2）目前高台县种植结构中，玉米占 72%，且以制种玉米为主，套种玉米和商品玉米次之。情景模拟中由于水资源供给减少，种植结构和模式发生了较大变化，高耗水的制种玉米和商品玉米种植比例减少，耗水量相对较小的套种以及制种蔬菜增加，由大田种植模式向套种模式转变，表明水资源约束对作物选择有比较明显的影响。

（3）高台县种植结构在各灌区存在差异。水资源相对充足的骆驼城灌区种植结构单一，以收益较高的制种玉米为主；位于山区新坝和红崖子灌区灌溉用水不足，以低耗水作物为主，玉米等高耗水作物远于其他灌区较少；沿黑河干流向下游依次分布的三清、友联、大湖湾、罗城灌区，套种面积逐渐增多，高耗水作物逐渐减小；耗水量高的大棚蔬菜及普通蔬菜主要分布在上游，耗水量较低的棉花、制种西瓜和番茄主要分布在下游。假设地表水供应减少，黑河干流各灌区高耗水作物面积将会减少，耗水量相对小的作物种植面积增加。地下水供应减少，以井灌为主的骆驼城灌区种植模式将会发生变化，大田制种玉米减少，套种面积增加。

5.6.2 讨论

（1）农户作物选择受诸多因素的影响，普遍来说，受自然因素（刘珍环等，2013）、社会经济（石淑芹等，2013）、农户家庭（夏天等，2013）等综合因素的影响。而在综合因素中，具有限制性的因素是在农户作物选择中占有主导地位。水资源是干旱区农业生产的限制性因素，也是农户作物选择应该考虑的首要问题。研究结果及实地调查均表明，农民更多地关注灌溉用水是否充足，是否及时，是否能够得到保障。

（2）Ekasingh B（2005a）认为，劳动力是影响作物选择的因素之一。本研究用劳动力系数（即家庭农业劳动力占家庭总人口的比例）表示家庭劳动力状况，但在模型中没有表现出对于作物选择的影响，主要原因是模型中的“预期成本”因素包含了劳动力成本因素。目前，由于家庭规模的缩小、外出务工等原因，劳动力缺乏已成为高台县农业生产中的普遍问题，劳动力需求大的作物种植主要采用雇佣短工的形式，在调查过程中发现农民将需要的支付劳动力费用计入了作物生产成本，在模型中通过“预期成本”影响作物选择。此外，还有通过邻里之间相互帮助来解决劳动力短缺的问题，这种作物的选择受规模效益和邻里关系的影响。

（3）本研究表明，西南部山区的新坝、红崖子灌区水资源匮乏，北部罗城灌区水资源供应数量和时间不能保障，种植的作物类型丰富多样，而骆驼城灌区水资源相对充足，种植结构相对简单。由此可见，水资源供给状况与作物种植多样性有一定关系，有待于进一步探讨。

（4）本研究运用GPS定位调查，可获取作物的属性数据，但运用空间插值法进行空间分析，数据量不够充分，且对作物插花种植现象考虑不够周全，在今后的研究中，将结合高精度遥感影像作物分类数据进行研究，进一步提高研究精度。此外，作物选择是农户的微观行为，由于微观行为引起的种植结构、景观格局等宏观效应在不同尺度上具有差异性，进行多尺度的研究，是今后的研究方向之一。

6 黑河中游水资源管理中的性别平等

6.1 水资源与性别平等

6.1.1 性别平等

一般意义上的性别指生理性别，又称自然性别，指男性和女性与生俱来的生理特征，是一个生理范畴，主要是强调男女之间的生理差异和自然属性。社会性别则是由于社会文化形成的对男女差异的理解，以及在社会文化背景下形成的属于女性或者男性的整体特征和行为模式（詹焱，2011）。性别平等不是追求男性女性必须完全一样，而是强调无论男女都可以不受传统性别分工、偏见及歧视影响，自由地作出自己的选择，自由发展个人能力。

6.1.2 水资源中的性别平等

在资源匮乏的地区，权利的不平等体现在妇女在资源的占有、使用和管理等方面的不平等。全球环境危机、城市和农村地区的贫困现象不断增加，随之产生的性别不平等都指向对不同水资源利用和管理方法的需求。在发展中国家，水资源和性别的情景非常普遍：女性是家庭用水的供给者，而男性则是地方和国家尺度关于水资源管理和发展方面的决策者（GWA，2003）。妇女在水资源供给、利用和生存环境保护方面具有重要作用，但在水资源开发与管理的制度安排中却很少被提及（Hooper B P，2005）。

1995 年第四次世界妇女大会的行动计划，将性别主流化确立为强调和促进性别平等的全球战略（谭琳，1997），而性别主流化的最终目标就是在政治、社会、经济等各个领域的设计、实施、监测和评价等各个环节中，男性和女性都有同样的参与权，真正达到性别平等（Hellum A，2006）。

2006 年联合国发展计划署制定了资源与性别行动指南——《性别主流化与集成水资源管理》，其中对性别主流化与集成水资源管理、妇女参与水资源管理的意义进行了详细的阐述，并为集成水资源管理中的性别平等制定了行动指导。书中列举了很多成功的案例，如印度流域管理中的性别平等、哥伦比亚水资源利用中的不同利益相关者、几内亚的妇女和技术培训、孟加拉国性别与缓解贫困、布基纳法索和孟加拉国性别与水权、喀麦隆的妇女计划与性别平等计划、印度尼西亚性别敏感评价对性别关系的影响、坦桑尼亚性别与淡水资源保护、津巴布韦农村集成水资源供给和卫生中的性别主流化，以及柬埔寨、印度尼西亚、越南妇女在家庭卫生中的重要作用（GWA，2003）。

男性和女性具有不同的性别角色，其活动范围可分为家庭和社区两个维度。在家庭层面上，主要进行生产和再生产活动，生产活动主要指生产用于消费和贸易的商品及服务的活动，再生产活动主要指对家居与家庭成员的照料及维持，包括生育及照料孩子、准备食品、收集水及打柴、采购生活所需、料理家务与照顾家人等活动。社区层面上，主要表现为社区的政治工作、管理工作以及参与社区组织等活动。在不同的层面，男性和女性的性别角色有所不同（German L，Mansoor H，2007）。

水资源的利用可以分为生活用水和生产用水两种形式。对于农民来说，生活用水主要有人畜饮用、洗涤等形式，主要体现在家庭层面上。生产用水主要为灌溉，在家庭层面上表现为家庭内部农业生产中的参与和决策，在社区层面上表现为灌溉用水的协调、管理、设施维护等形式。农民用水者协会的形成，使社区层面的生产用水及管理活动更加规范化。家庭和社区层面上水资源利用和管理与性别角色的关系如图 6-1 所示。

	家庭	社区
生活用水	家务劳动时间	----
生产用水	生产决策权	用水得协会

图 6-1　性别角色与水资源关系

“男主外，女主内”的性别分工模式具有普遍性，传统的社会性别文化规定了女人作为家务劳动承担者的角色，这决定着女性在家庭中的地位。农村地区家务劳动的性别分工尤其明显，女性承担着大部分的家务劳动，尤其是与水资源密切相关的活动，这体现了家庭层面上女性在生活用水及管理中占有重要地位。

6.2 水资源利用管理中的性别平等指数构建

6.2.1 性别平等指标体系

国际上最有代表性的综合妇女发展指标就是广为人知的性别发展指数（Gender-related Development Index，GDI）和性别赋权指数（Gender Empowerment Measure，GEM）。作为联合国评估全球人类发展状况的权威性、国际性报告，《人类发展报告》从1995年开始引进了社会性别的概念，并形成了GDI（表6-1）和GEM（表6-2）两大综合测量指数（汪力斌等，2006）。

表 6-1 性别发展指数（GDI）评价指标体系

内容层次	健康且长寿的生命	知识		体面的生活
指标	男女两性各自出生时的预期寿命	男女两性各自的成人识字率	男女两性小学、中学、大学的总入学率	男女两性大约的收入，以购买力平价指数衡量
各层指数	男女两性分别的预期寿命指数	男女两性分别的教育指数		男女两性分别的收入指数
两性平均分布指数	平均分布预期寿命指数	平均分布教育指数		平均分布收入指数

表 6-2 性别赋权指数（GEM）评价指标体系

内容层次	政治参与和决策		经济参与和决策	支配经济资源的权力
指标	男女两性分别拥有的议会席位比例	男女两性在立法者、高级官员和管理者中分别占有的比例识字率	男女两性在专业技术人员分别占有的比重	男女两性分别的估计收入
平均分布的相应百分比	议会参议的相应百分比		经济参与的相应百分比	收入的相应百分比

Prescott-Allen R（2001）从性别与健康、性别与财富、性别与知识、性别与社区四个层面建立了性别平等体系，计算了世界范围内的性别平等指数，如图6-2所示。因为没有合适的指标，所以当时没有计算性别与健康（认为预期寿命的平等，并很难说明男性和女性的健康哪个更好或哪个更坏）。

我国学者借鉴国外性别平等评价指标，并结合我国实际，建立了性别平等评价指标体系。崔凤垣和程深（1997）分别构建了健康平等指数、经济平等指数和社会与发展指数。其中，健康平等指数（HDZ）= 女婴死亡率 / 男婴死亡率 ×100；经济平等指数（EPZ）= 女性在业人口从事技术与管理职业的比重 /

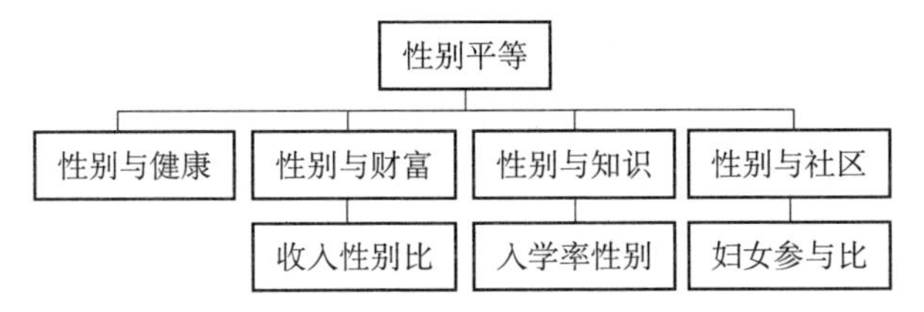

图 6-2　性别平等评价指标体系

男性在业人口从事技术与管理职业的比重 ×100；社会与发展指数（SPZ）包括文化指数和发展指数，文化指数（EDPZ）=15 岁及以上女性识字率 /15 岁及以上男性识字率 ×100；发展指数（SDPZ）=15 ～ 19 岁组女性未婚率 /15 ～ 19 岁组男性未婚率 ×100。

周长城和姚琴（2004）建立了基于和谐社会的性别平等指标体系（表 6-3）。

表 6-3　全面小康测评体系

基本性别发展指标层	1. 人均 GDP	人均 GDP（女）
		人均 GDP（男）
	2. 小学、中学和大学综合入学率	小学、中学和大学综合入学率（女）
		小学、中学和大学综合入学率（男）
	3. 预期寿命	预期寿命（女）
		预期寿命（男）
结构性持续性指标层	1. 恩格尔系数	
	2. 出生性别比	
	3. 基尼系数	
	4. 城市化水平	

通过比较，以上性别平等体系基本上都涉及政治、经济、文化、健康这四个方面，而且均采用男性和女性比较的方法。GDI、GEM 以及我国学者建立的性别平等指标，在宏观尺度上操作性、数据可获取性较强，而 Prescott-Allen R 建立的指标体系比较简洁，对于小尺度上的数据获取来说具有可行性。

6.2.2　水资源利用管理中的性别平等指数构建

在灌溉农业发达的干旱区，水资源利用和管理是农民生产生活的主要过程，男性和女性家庭分工和角色差异，男性和女性劳动的时间、作物类型选择、生产要素投入等主要的生产决策，体现了家庭内部的性别角色，这些活动都与水资源有密切的关系。因此，家庭劳动分工、工作时间以及生产决策，能够反映男性和女性参与水资源利用管理活动的程度以及所处的地位。

农民用水者协会是农户通过民主协商的方式组织起来的从事农业灌溉的社会团体，有很强的公共管理和公共服务属性，作为以行政村为单位的社区层面水资源管理组织，目前在我国得到了广泛应用。农民用水者协会组织的活动以及管理工作中的性别差异，体现了社区层面灌溉管理中的不同地位和角色。

基于以上理解，建立了家庭和社区层面水资源管理中的性别平等指标体系。

6.2.3 家庭生活用水及管理中的性别平等指标体系

时间是人类生活的活动范围和内容最完整、最客观的表达，也是最忠实的记录。人类的每一种活动都要消耗时间资源（Mills B，Hazarika G，2001）。时间配置实质上是对各种活动形式和活动内容的取舍（Lass D A，Gempesaw C M，2005）。时间作为一种经济资源是相对稀缺的，没有任何手段可增加它的数量，没有任何地方能找到尚未发现的存储，没有任何别的东西可以用来代替它。时间资源的稀缺性和人的需求多样性是时间配置产生的根本动因（王琪延，2000）。在时间配置过程中社会学研究者根据时空联系的关系对时间进行划分。由于空间可分为第一空间即工作单位、第二空间即家庭、第三空间即闲暇空间，相应地，生活时间也可以分为三类，即第一时间为工作时间、第二时间为家务劳动时间、第三时间为闲暇时间（李实，2001）。

水资源是农民生产生活中的必需品，但其价值是通过时间和空间体现出来的。不同的时间利用方式，体现了水资源的不同价值。男性和女性时间利用方式的差异，反映了他们对水资源的价值取向，以及在水资源的利用、占有、管理中的不同角色。

因此，将农民用水户的时间划分为农忙和农闲两个时间段，农忙时间分为三类：农业劳动时间、家务劳动时间、闲暇时间。农闲时间分为两类：家务劳动时间、闲暇时间。在此基础上，构建基于时间利用的性别平等指标体系（图 6-3）。

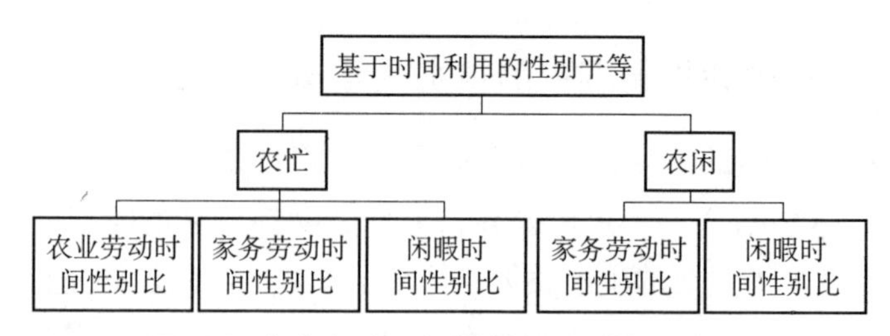

图 6-3 家庭生活用水中的性别平等评价体系

1. 农业劳动时间

农业劳动时间是满足农民生存需要必不可少的时间，对于大多数农民来说，农业生产是其主要的生计来源。农业劳动时间在生活中处于首要的、核心的地位，制约着其他时间的配置，而且在生活中占有较大份额。

2. 家务劳动时间

家务劳动时间是家庭成员用于家庭内部自我服务和相互服务的劳动消耗时间（Haffmam W E，1980），日常家务劳动主要包括洗衣、做饭、维护家庭环境卫生、照料老人和孩子、商品购买、牲畜饲养等活动。在家庭内部，通常是有工作能力的成员为没有工作能力的社会成员提供生活资料，尤其是赡养老人和抚养子女。在经济不发达的农村地区，服务业发展相对落后，家务劳动是人们日常生活的一个非常重要的部分，占用了较多的时间（Simpson W，Kapitany M，2005）。

3. 闲暇时间

闲暇时间是个人除了为社会、为家庭尽义务以及满足个人基本的生理需要之外，其余的生活活动时间（De Brauw A，Huang J K，2002）。闲暇时间是随着生产力水平的提高而逐渐出现的，当劳动生产力水平发展使人们无需整日劳动即可获得足够的生活资料时，闲暇时间便成为个人享受生活的一种方式（凌宏城等，1986）。

6.2.4 家庭灌溉用水中的性别平等指标体系

在降水少而蒸发强烈的干旱区，灌溉是保证农业生产顺利进行的重要保障，农业生产对灌溉具有非常强的依赖性。一般来说，灌溉条件好，农业发展的程度就越高。因此，人们对水资源的占有、管理、控制的不同权利直接决定着农业生产效益的差异。改革开放以来，越来越多的农村劳动力向城市转移，寻找非农就业机会。随着男性外出务工的增加，妇女成为农业生产的主力军。然而，这个变化只表现在妇女参与农业生产，以及劳动时间的增加，很多决策性的问题还是由男性做主，在某种程度表现了她们因性别产生的脆弱性和不安全感。通过家庭在农业生产过程中作重要决策时男性和女性的参与程度，分析家庭内部水资源管理的性别关系。建立基于农业生产决策的水资源性别平等体系，如图 6-4 所示。

1. 生产投资

农作物的种植选择是农业基本的生产投资，是在对作物自身特性、生长条件、投资风险和收益的认知基础上作出的决策。男性和女性具有不同的经验知识，对投资风险的认识有所不同，对产品的需求有所不同，因此，在生产投资上会表现出差异性。不同作物习性以及生产过程有差异，作物的选择直接关系到灌溉用水量、灌溉时间、灌溉次数等的决策。因此，在家庭内部，农业生产投资决策能够反映水资源管理中的性别关系和角色。

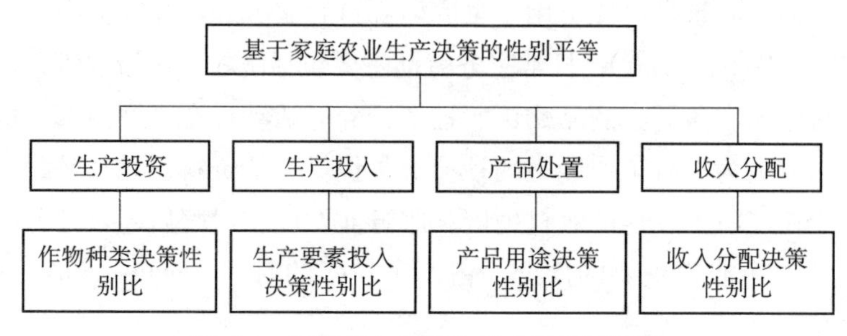

图 6-4　家庭农业生产决策中的性别平等

2. 生产投入

在生产过程中，对种植面积、施用化肥、农药的数量、使用工具以及灌溉等这些生产要素的投入，男性和女性有不同的认识。因此，生产投入的决策权不仅反映了农业生产知识的性别差异，而且表现了家庭中的性别关系。

3. 产品处置

由于男性和女性对产品的需求以及对市场判断等各方面的差异，对产品用途的意见也会有所不同：是自己使用，还是出售？由谁来决定？男性和女性的决策权反映了家庭内部的性别关系。

4. 收入分配

出售产品获得利润，这是农业生产的主要目的之一。在家庭中，这部分收入如何分配？男性和女性各占多大比例？男性和女性对收入分配的权利，反映出家庭内部的性别平等以及各自的地位。

6.2.5　社区水资源管理中的性别平等指标体系

社会性别意识要求我们把女性问题与男性问题结合起来研究，视女性与男性关系为共同发展的、平等的伙伴关系。参照 Prescott-Allen R 的性别平等指标体系，从性别与健康、性别与财富、性别与知识、性别与社区四个维度与水资源管理相结合，建立了社区尺度集成水资源管理中的性别平等体系（图 6-5）。

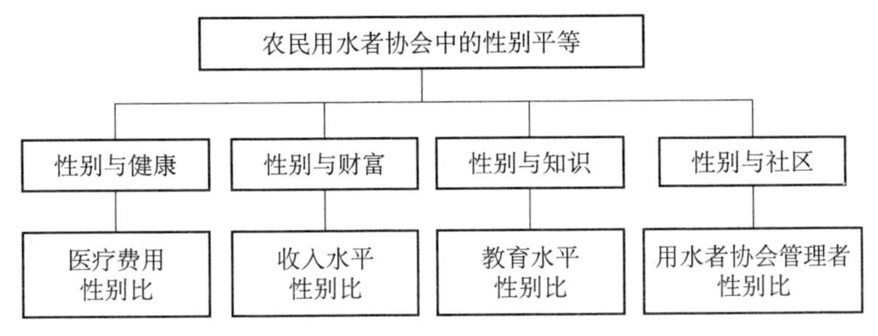

图 6-5　社区层面水资源管理中的性别平等评价体系

1. 性别与健康

健康是一项基本人权。1994 年国际人口与发展大会《行动纲领》提出："人人有权享有能达到的最高身心健康的标准。各国应采取适当措施，保证在男女平等的基础上普遍取得保健服务。"1995 年第四次世界妇女大会《行动纲领》也把健康作为重大的关切领域，提出"妇女有权享有能达到的最高身心健康的标准，享有这一权利对妇女的生活和福祉及参加公共和私人生活各领域都至关重要"（姜秀花，2006）。生命健康与水资源有着十分密切的关系，男性和女性对水资源占有、管理、使用的权利以及方式对健康有直接的影响，本研究对象为农民用水者代表，因此，将用水者协会代表的医疗费用性别比作为解释性指标。

2. 性别与经济

平等分享经济资源和经济发展的成果是妇女生存发展的重要条件。经济资源的获得与机会是女性平等享有经济利益的基础和前提。社会经济资源获取与控制的性别平等主要指男女两性社会成员对生产资料的占有、使用、经营和控制的平等。黑河中游是甘肃省最主要的灌溉农业区，水是区域农业生产的重要生产资料，对水资源的占有、使用、管理的权利直接决定了其收入来源。因此，本研究将用水者协会代表的收入性别比作为性别与经济的解释性指标。

3. 性别与知识

在我国，教育是获得知识的主要方式。"教育是一项基本人权"这一观念早已得到现代社会的普遍承认，所有的人，不分性别、种族、阶层都享有受教育的权利。性别平等作为教育领域一项基本原则早已得到了国际国内各种重要公约、法律的一致强调和保障。良好的教育是保障男女两性充分发展其全部体能和职能权利的重要途径。众多的研究和实践经验表明，能否受到良好的教育对一个人一生的影响是巨大的，它直接影响到一个人成年后在家庭生活、社会参与中的地位和发展进程。这在女性身上表现得尤为显著。丰富的知识有利于对水资源的利用、占有和管理，教育背景在水资源利用和管理过程中发挥着显著的作用，因此，本研究选择用水者协会代表的受教育年限性别比作为性别与知识的解释性指标。

4. 性别与社区

男女都参加社区活动，包括集体组织社会性活动及服务。社区政治活动主要由男人来承担，这种活动一般是有组织的、正规的，往往是在国家政治框架内的活动，他们的工作通常是有报酬的，或者通过地位和权利的提高而间接获得收益。对于水资源管理，女性通常只是参与社区的会议、讨论等活动，而男性则是这些活动的组织者、领导者和决策者，具有不同的分工和角色，这使女性处于从属地位。因此，选择用水者协会管理者性别比表示社区中的性别平等关系。

6.3 数据获取与计算方法

6.3.1 研究区域

张掖市甘州区位于河西走廊中部，100° 06′ E～100° 52′ E，38° 37′ N～39° 24′ N之间，东西宽65km，南北宽98km，土地总面积4241km^2。处于欧亚大陆中部，周围多高山、戈壁和沙漠，地势东南高，西北低，海拔1400～3100m，14.4%为山区，51.1%为平原，34.5%为荒漠区。年平均气温5.4～7℃，一年中各月平均气温以7月为最高，多年平均为21.4℃，1月份气温最低，多年平均为-10.2℃，全区大于10℃的活动积温在1837～2870℃。区内气候干燥，多年平均降水量为129mm，降水年际及时空分布变化差异较大。区内年蒸发量2000～2350mm，年内5～6月蒸发最大，蒸发量是降水量的16倍。多年平均水资源量为1350m^3，亩均水资源量为530m^3，仅达到全国平均水平的60%和30%（甘州区统计局，2008）。

甘州区现辖11个镇（梁家墩镇、上秦镇、乌江镇、沙井镇、大满镇、小满镇、甘浚镇、新墩镇、碱滩镇、三闸镇、党寨镇），11个乡（长安乡、西洞乡、廿里堡乡、靖安乡、花寨乡、安阳乡、和平乡、小河乡、明永乡、龙渠乡、平山湖乡），243个行政村。农业作为甘州区传统产业，具有十分重要的地位和作用。现辖甘浚、盈科、大满、西干、上三、乌江、安阳和花寨共8个灌区，水资源紧缺是农业发展面临的主要问题。

6.3.2 数据获取

男性和女性在家庭、社区中承担的角色不同，对水资源利用和管理的参与和影响程度不同，在水资源利用和管理中具有不同地位和角色。因此，研究水资源管理中的性别平等，必须进行性别分离，按性别分列收集资料，然后进行性别分析，这也是所有性别研究的要求。在了解黑河中游社会特征的基础上，确定调查问题的具体设计和调查方式。考虑到面对的调查对象是流域各个阶层的人们，采用访谈和问卷两种方式进行调查。2008 年 1 月，首先针对农户基本信息和时间利用进行访谈和问卷预调查。调查对象为张掖市甘州区农户，访谈以灌区为尺度，共随机选择访谈对象 223 人，分布如表 6-4 所示。其中，男性 147 人，女性 76 人，女性占 34%。访谈内容主要包括农户基本情况，农户家庭内部男性和女性的劳动分工和时间利用图的绘制，具体内容见附录Ⅱ。预调查发放问卷 30 份，然后根据调查结果调整了问卷中所反映出的问题。正式调查发放问卷 385 份，回收有效问卷 348 份，覆盖了甘州区 16 个乡镇。由于村民们的配合情况以及调查地点、天气等随机因素影响，每个村调查问卷的数量有所差异，问卷分布如表 6-5 所示。其中，男性 236 人，女性 112 人，女性占 32%。调查内容包括农户基本信息、生产情况、家庭内部男性和女性的生产决策，以及参与社区水资源管理的情况。此外，针对被访妇女，进行了参与农民用水者协会管理的意愿及影响因素调查，具体调查内容见附录Ⅲ。

表 6-4　访谈样本分布

乡（镇）	男	女	合计
沙井	8	5	11
碱滩	6	3	10
乌江	20	4	24
甘浚	10	2	12
小满	14	9	21
大满	28	12	28
上秦	8	3	11
龙渠	6	5	10
三闸	13	12	18
西洞	14	5	19
党寨	7	10	15
花寨	7	4	11
安阳	6	2	8
合计	147	76	223

表 6-5 问卷分布

乡（镇）	村	有效问卷数量（份）		
		男	女	合计
新墩	双塔	5	8	13
	花儿	2	2	4
明永	沿河	13	1	14
	永和	4	2	6
	沤波	5	4	9
	夹河	2	1	3
沙井	下利沟	8	3	12
	坝庙	5	1	5
	兴隆	11	2	13
碱滩	古城	6	2	8
	幸福	5	4	9
	刘家庄	6	1	7
	二坝	7	1	8
乌江	管寨	4	1	5
	永丰	17	3	20
甘浚	中沟	4	1	5
	高庙	8	1	9
	工联	4	5	9
	速展	6	3	9
小满	小满	9	2	11
	古浪	9	1	10
	王其闸	3	6	9
大满	汤什	18	10	30
	新新	5	1	6
上秦	金家湾	2	2	4
	李家湾	6	1	7
龙渠	保安	4	2	6
	龙首	4	3	7
三闸	少闸	2	6	8
	上堡	5	6	11
西洞	东寺	2	1	3
	西洞	15	4	19
党寨	陈寨	3	3	6
	马站	3	5	8
	党寨	3	7	10
花寨	花寨	2	2	4
	余家城	9	2	11
安阳	金王庄	10	2	12

注：男性 236 人，女性 112 人，总计 348 人

6.3.3 计算方法

1. 乡镇或村尺度指标得分计算

首先对各指标调查样本进行处理进行性别分离统计，并根据不同研究尺度（乡镇或村）汇总，计算该尺度上各调查指标的均值。然后计算性别比值，采用性别比较的方法，反映各项指标中的性别差异水平。为了便于比较，所有指标均按“百分制”构造。计算过程中，对于同一个指标，一般选择男性和女性中平均分值较大的一方为参照系，如果比值大于 1，则以另一方为参照系，并用负号来标识。因此，所有指标绝对值均在 [0，100] 之间，绝对值越大，表明两性平等程度越高，指标数值越接近于 100，表明两性越趋于平等，指标数值越远离 100，表明两性平等程度的差距越大。

2. 指标综合得分计算

将指标刻度，划分为 5 个等级（表 6-6），然后利用公式（6-1）和（6-2），根据各乡镇或村尺度指标得分计算各指标性别平等指标的综合得分。

表 6-6　性别平等的 5 个刻度

刻度	定义	权重	样本数量
[0 ～ 20）	低	0	n_1
[20 ～ 40）	较低	25	n_2
[40 ～ 60）	一般	50	n_3
[60 ～ 80）	较高	75	n_4
[80 ～ 100]	高	100	n_5

$$q_{ij}=n_j\times k_j \quad (i=1,\ 2,\ 3,\ 4,\ 5;\ j=1,\ 2,\ 3,\ 4,\ 5) \tag{6-1}$$

n 表示每个指标刻度的样本数量；k 表示每个刻度的权重。

$$Q_m=\frac{\sum_{i=1}^{4or5} q_{ij}}{N} \quad (m=1,\ 2,\ 3;\ n=4 \text{ or } 5) \tag{6-2}$$

Q_1，Q_2，Q_3 分别表示时间利用、家庭生产决策、用水者协会三个指标的综合得分；N 表示每个综合指标所包含的指标数量，家庭生产决策和用水者协会为 4，时间利用为 5。

6.4　黑河中游家庭生活用水及管理中的性别平等

根据研究区的具体情况，4 月到 11 月为农忙时间，12 月至次年 3 月为农闲时间。农业劳动时间指平均每天从事农业生产的时间；家务劳动时间指在家庭中进行劳动的时间，主要包括洗衣、做饭、照料家人、饲养牲口等活动；闲暇时间指除农业劳动和家务劳动以外的时间。需要说明的是，研究区大部分妇女在农业劳动和家务劳动之外的时间内，都会做手工活，从经济学角度来说，这些劳动为家人提供了服务，创造了价值，因此这部分时间不是纯粹的闲暇时间，但本研究中，由于考虑到这些劳动与水资源利用没有直接的关系，因此，将妇女从事手工劳动的时间作为闲暇时间。

对调查获取的时间利用数据进行分类统计，并计算平均值，得出甘州区农户家庭劳动时间（表 6-7）。

表 6-7　家庭劳动时间性别差异

活动项目		时间（h）		活动项目		时间（h）	
		男性	女性			男性	女性
农忙季节	农业生产活动	9.48	9.19	农闲季节	农业生产活动	—	—
	家务劳动	2.04	3.82		家务劳动	2.66	5.1
	闲暇时间	3.64	2.85		闲暇时间	9.75	8.41

农忙季节男性和女性用于农业生产活动的时间分别为 9.48h 和 9.19h，男性比女性多 29min，差别很小，性别比为 100，表明男性和女性在农忙季节投入农业生产的时间基本相同，在农业生产中投入的劳动力相同，性别平等程度高。家务劳动时间分别为 2.04h 和 3.82h，性别比为 −55.8，农忙季节女性投入家务劳动的时间比男性多，家庭劳动分工存在明显的性别不平等；闲暇时间分别为 3.64h 和 2.85h，性别比 82.69，男性的闲暇程度略大于女性。

农闲季节男性和女性的家务劳动时间分别为 2.66h 和 5.1h，性别比为 −53.85，表明农闲季节，妇女从事家务劳动的时间远大于男性；闲暇时间 9.75h 和 8.41h，性别比为 96.15，男性和女性的闲暇程度差异不大，男性略大于女性。

利用 6.3.3 中的公式（6-1）和（6-2）计算性别比，计算各指标综合得分，如表 6-8 所示。

表 6-8　甘州区时间利用性别平等评价结果

指标	参照系	指标得分	综合得分	评价结果
农忙季节农业劳动时间性别比	男性	100	77.73	较高
农忙季节家务劳动时间性别比	女性	55.70		
农忙季节闲暇时间性别比	男性	82.96		
农闲季节家务劳动时间性别比	女性	53.85		
农闲季节闲暇时间性别比	男性	96.15		

总体来看，甘州区时间利用平等程度较高。男性和女性投入农业劳动的时间基本相同，性别平等程度高。女性投入家务劳动的时间比男性多，性别平等程度为较低。农忙季节，女性的闲暇时间小于男性，而农闲季节，二者差异不大，女性略小于男性，性别平等程度高。调查发现，家务劳动中所有做饭、洗衣、打扫卫生、照顾小孩的工作由女性来完成，照料牲口大多数时间由男性来完成，当男性外出或进行其他更重要的活动时，则由妇女完成。由此可见，妇女承担了大部分的家庭劳动，而且这些活动都与水资源有密切的关系。因此，妇女在家庭水资源供给、利用、管理中占有核心地位，同时，对家庭成员健康

以及后代关于水资源的教育有重要的影响作用。

6.4.1 农忙季节劳动时间性别差异

1. 农业劳动时间

如图 6-6 所示，农忙季节，农业劳动时间的性别平等指标得分为 100，各乡（镇）指标得分值集中且分值高。其中，三闸乡最低，得分值为 87，女性投入农业劳动的时间略小于男性。其他乡镇男性和女性投入农业生产的时间差异不大，性别比接近 100，表明在甘州区妇女在农业生产的劳动力投入中与男性占有同样的地位。

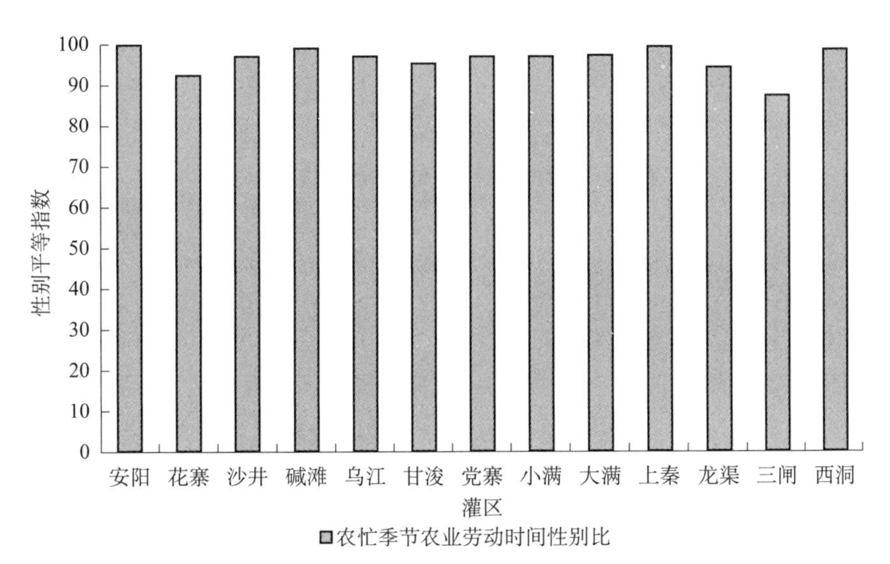

图 6-6　农忙季节农业劳动时间性别比

2. 家务劳动时间

计算过程中发现，男性的家务劳动时间小于女性，为了便于比较，以女性作为参照系。图 6-7 表明，农忙季节，家务劳动的性别平等指标得分为 55.7。小满乡性别比最高，得分值为 70。安阳乡的性别比为 12，平等程度最低，男性每天投入家务劳动的时间仅为 0.43h，女性则为 3.56h，主要是因为该区男性外出务工的比例较高，有些只在播种、收割等非常繁忙的季节回家帮忙，因此妇女是家庭中的主要劳动力，几乎所有的家务劳动都由她们承担。其他乡镇比值主要分布在 41 ～ 70。总体来看，甘州区女性投入家务劳动的时间远大于男性，尤其是在做饭、洗衣、打扫卫生等这些与水资源密切相关的活动，因此可以看出，妇女在生活用水的利用、管理中具有重要地位。

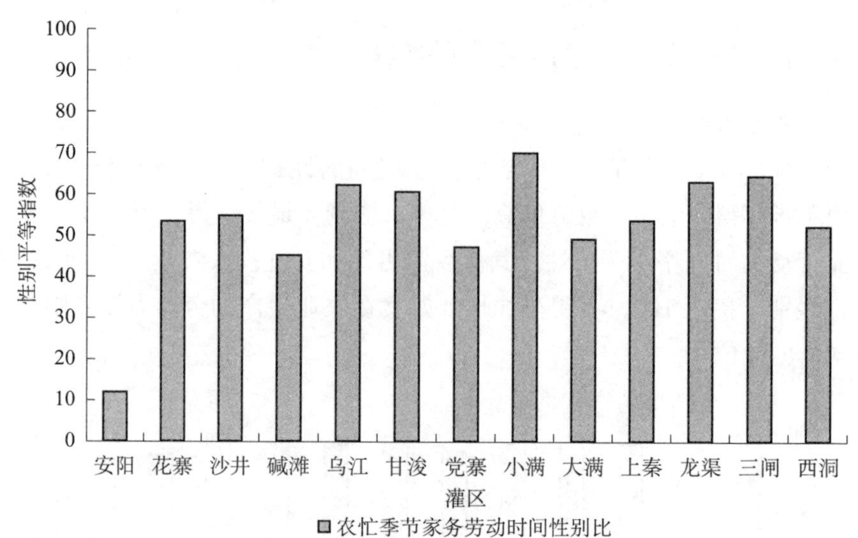

图 6-7　农忙季节家务劳动时间性别比

3. 闲暇时间

以男性为参照系，计算结果如图 6-8 所示，农忙季节闲暇时间的性别平等指标值相对较高，得分为 82.69，大部分乡镇分值分布在 61 ～ 100，党寨乡的平等程度最低，得分值为 51，男性每天的闲暇时间为 4.08h，女性仅为 2.08h。表明农忙季节女性的闲暇时间小于男性，女性的劳动压力远大于男性，这也是女性健康状况普遍比男性差的原因之一。

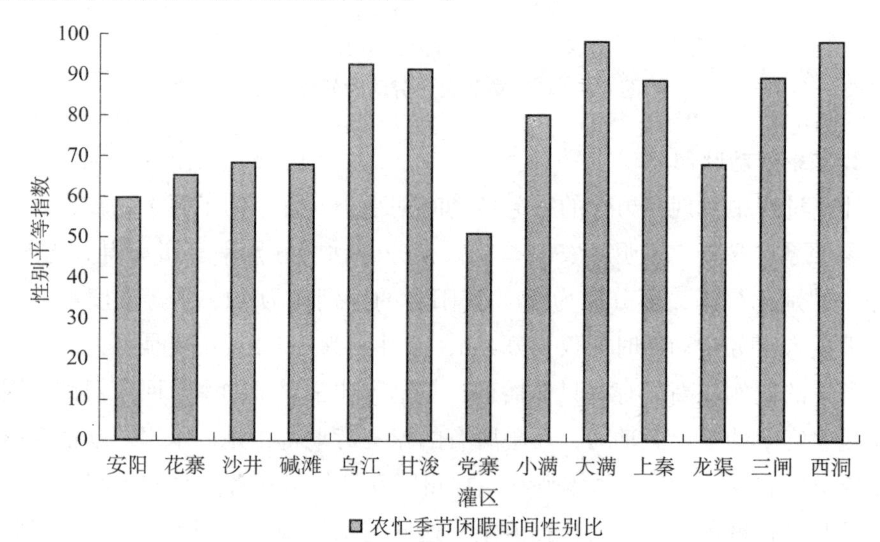

图 6-8　农忙季节闲暇劳动时间性别比

6.4.2 农闲季节劳动时间性别差异

1. 家务劳动时间

农闲季节的家务劳动时间以女性为参照系。从图 6-9 可以看出，农闲季节家务劳动的性别平等指标值为 53.85，指标值集中于 30 ～ 80，最高为甘浚乡 76，最低为安阳乡 33。农闲季节家务劳动时间性别比与农忙季节相差不大，女性投入家务劳动的时间远大于男性。农忙和农闲季节，男性每天用于家务劳动的时间分别为 2.04h 和 2.66h，变化不大，女性 3.82h 和 5.1h。调查过程中了解到，男性承担的家务劳动主要为喂牲口，比较单一，所用时间变化不大，而女性承担了大部分的家务劳动，由于农忙季节时间紧张，有些家务就会安排到农闲季节，因此，农闲季节的家务劳动时间总体高于农忙季节。

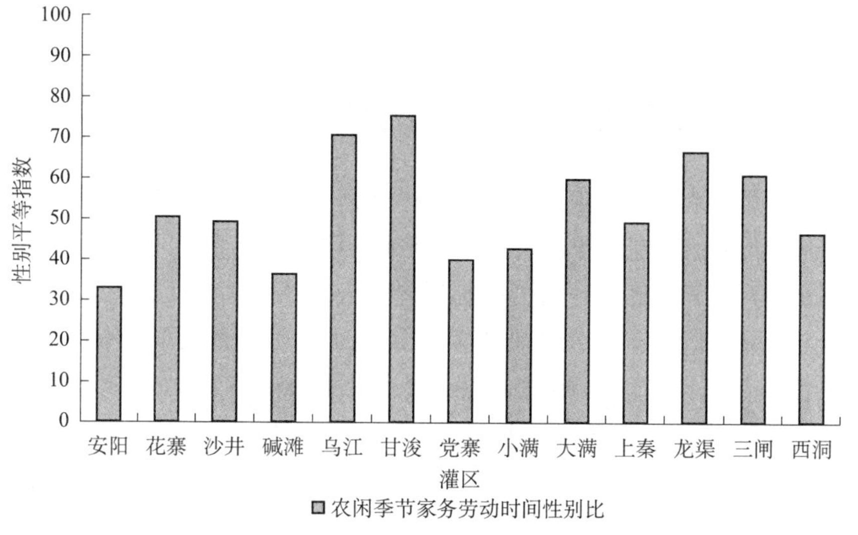

图 6-9 农闲季节家务劳动时间性别比

2. 闲暇时间

以男性为参照系，计算结果如图 6-10 所示，性别平等指标得分为 96.15，性别平等程度高，农闲季节女性的闲暇时间小于男性。安阳乡最小，得分值为 76，上秦镇最高，为 99，各乡镇得分总体分布比较集中。

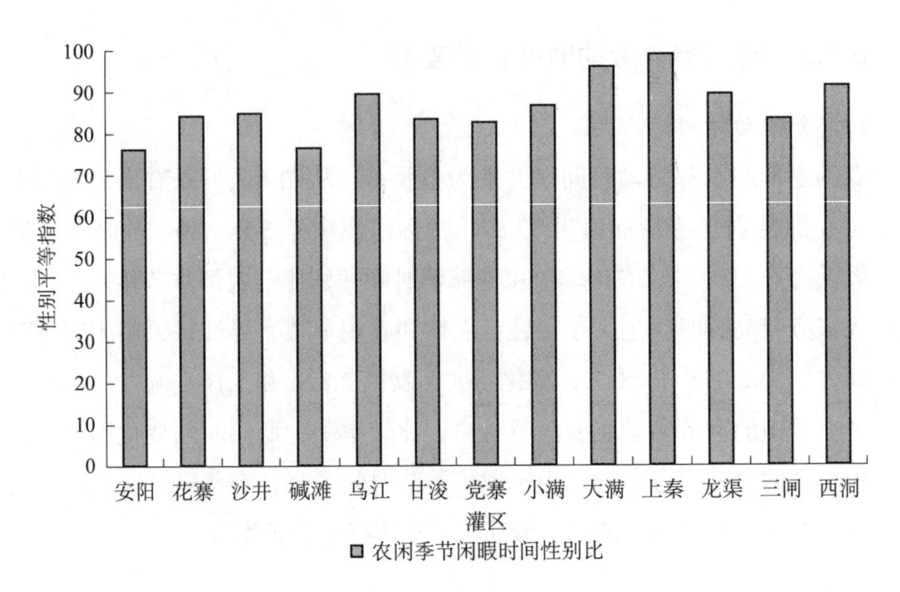

图 6-10 农闲季节闲暇时间性别比

6.5 黑河中游家庭灌溉用水中的性别平等

黑河中游的农作物以玉米为主，还有少量小麦、大麦和蔬菜。因此，调查过程中选择玉米为对象，少数没有种植玉米的用小麦代替。

基于生产决策的性别平等各指标以男性为参照系进行计算，结果如表 6-9 所示。甘州区农业生产决策性别比综合得分为 48.02，性别平等程度一般。生产投资性别比综合得分为 40.79，生产投入为 46.05，产品处置为 45.39，收入支配为 59.87。各指标值基本介于 40 ～ 60，表明在生产决策中，性别平等程度较低，在产品投资、生产投入、产品处置、收入支配中，男性占有主导地位，而女性处于从属地位。灌溉贯穿于农业生产的整个过程，生产决策的性别平等情况反映出了性别在灌溉决策中的权利，男性和女性同样参与灌溉活动，但妇女在灌溉管理中的决策权远低于男性。

表 6-9 甘州区生产决策性别比综合得分

指标	参照系	指标得分	综合得分	评价结果
生产投资性别比	男性	40.79	48.02	一般
生产投入性别比	男性	46.05		
产品处置性别比	男性	45.39		
收入支配性别比	男性	59.87		

6.5.1 生产投资决策中的性别差异

计算结果如图 6-11 所示，在玉米种植中，男性决策权占 70.64%，女性仅占 29.36%，性别比为 40.79。生产投资决策性别差异较大，女性在生产投资的决策权小于男性，表明存在明显的性别偏见。

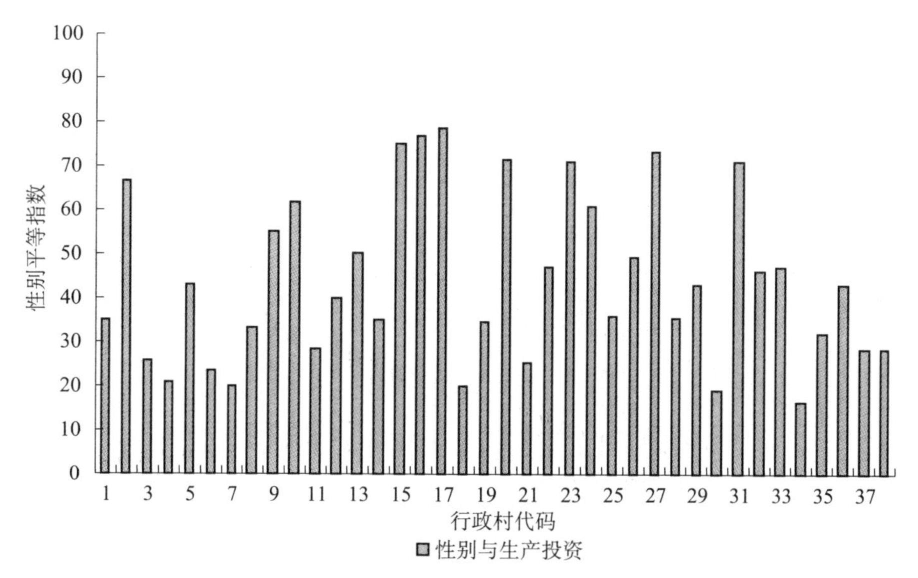

图 6-11 生产投资决策性别比

注：图中 38 个研究点分别为：1. 金王庄，2. 双塔，3. 花儿，4. 沿河，5. 永和，6. 沤波，7. 夹河，8. 花寨，9. 余家城，10. 下利沟，11. 坝庙，12. 兴隆，13. 古城，14. 幸福，15. 刘家庄，16. 二坝，17. 管寨，18. 工联，19. 速展，20. 东寺，21. 西洞，22. 陈寨，23. 马站，24. 党寨，25. 小满，26. 古浪，27. 王其闸，28. 汤什，29. 金家湾，30. 李家湾，31. 保安，32. 龙首，33. 少闸，34. 上堡，35. 永丰，36. 中沟，37. 新新，38. 高庙。下文中图 6-12 ～图 6-17 表示方法与此相同。

各村生产投资决策性别比差异较大，管寨村性别平等程度最高，得分值为 79，上堡村最低，为 16，约 50% 的村得分小于 40，表明男性在生产投资决策中占有主导地位。不同的产品给农民带来的经济效益不同，同时农产品生长习性和对气候、水资源的需求不同。因为男性受教育程度相对女性较高，同时受长期以来传统习惯的影响，男性是农业生产的主力，掌握的市场、农业生产方面的知识和技术比女性多。因此，在生产投资中占有主导地位，妇女也参与决策，她们的意见也会被考虑，但最终占主要地位的还是男性。对产品投资的决策，与灌溉中的决策直接相关，男性的核心地位使女性在水资源管理中的决策权边缘化，表现出比较严重的性别偏见。

6.5.2 生产投入决策中的性别差异

数据分析表明，生产投资决策存在明显的性别偏见（图 6-12）。甘州区生产投入决策性别比的所有指标值均为正，表明女性在农业生产投入中的决策权小于男性。

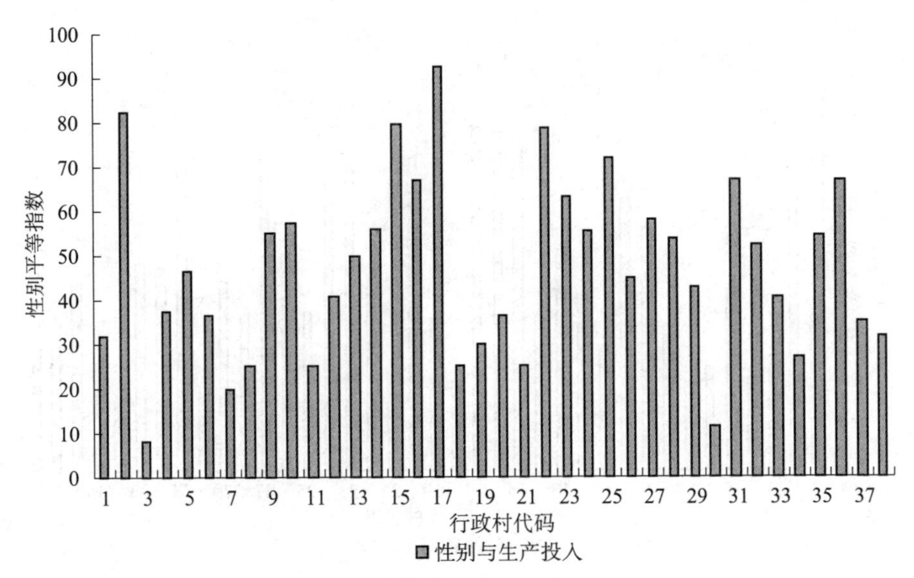

图 6-12 生产投入决策性别比

生产投入中，性别平等程度低，男性决策权占 68.08%，女性仅占 31.92%，性别比为 46.05。该指标值差异较大，管寨村最高，得分值为 92，花儿村最低得分值仅为 8。约 70% 的样本点得分介于 21～60，表明生产投入决策中性别偏见较大。在生产过程中，包括种植面积、施用化肥和农药的数量、使用工具以及灌溉等这些生产要素的投入。因此，生产投入的决策权不仅反映了农业生产知识的性别差异，而且反映了家庭中的性别关系。

6.5.3 产品处置决策中的性别差异

甘州区产品处置决策权存在明显的性别不平等，计算结果如图 6-13 所示。生产投入决策性别比的所有指标值均为正，表明女性在农业产品处置中的决策权小于男性。

产品处置中，性别平等程度低，男性决策权占 69.98%，女性仅占 30.02%，性别比为 45.39。最高值为管寨村的 100；最低为上堡村，仅为 7。指标值总体

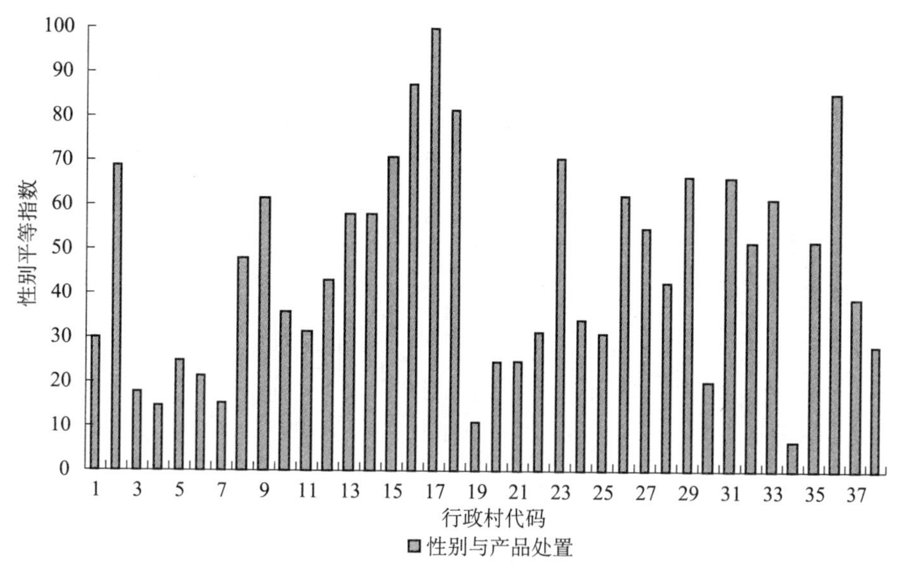

图 6-13 产品处置决策性别比

偏低，约 70% 的样本点得分小于 60，表明产品处置决策中存在明显的性别偏见。对产品用途的决策，反映出了家庭中的性别关系，在生产过程中，女性与男性共同投入劳动，获得产品，但对于产品的用途，更多是由男性来决策，女性只是被动地接受决策结果。

6.5.4 农作物生产收入支配的性别决策

甘州区收入支配决策权性别比计算结果如图 6-14 所示，可以看出，收入支配过程中，存在明显的性别不平等。所有指标值均为正，表明女性在农业产品收入支配中的决策权小于男性。

产品处置性别比为 59.87，性别平等程度一般，男性决策权占 63.2%，女性仅占 36.8%。金家湾村最高，得分值为 100，花儿村最低，得分值为 18。42% 的样本点得分介于 41 ～ 60，表明收入支配决策中存在明显的性别差异。将农产品出售，获得利润，这是农业生产的主要目的之一，也是大部分农民家庭的主要经济来源，在家庭中，这部分收入如何分配，男性和女性各占多大比例，男性和女性对收入分配的权利，反映出家庭内部的性别平等，以及各自的地位。男性总体高于女性，表明男性在家庭经济决策中同样占有主导地位，女性处于被动地位。

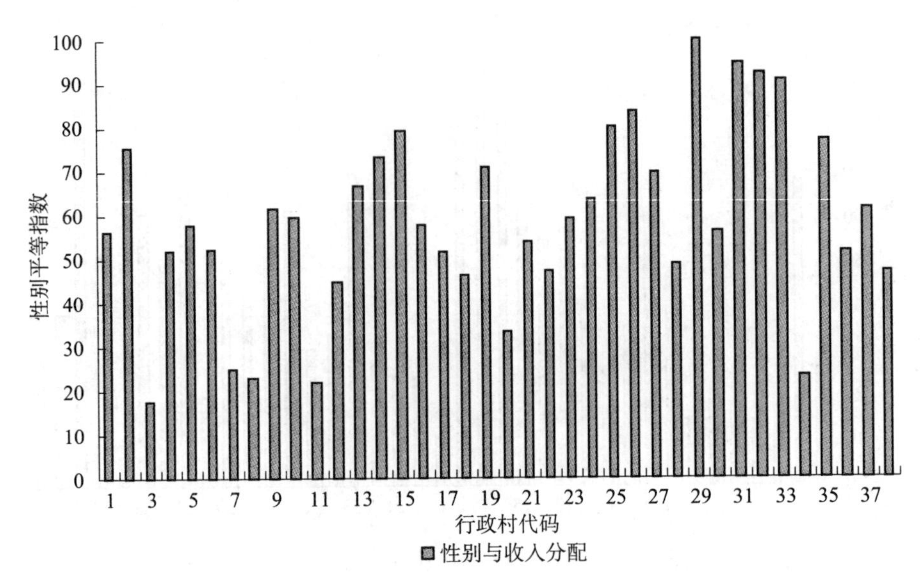

图 6-14　收入支配决策性别比

男性和女性在农业生产中共同生产，投入的劳动时间差别不大，但男性在农作物生产的产品投资、生产和处置、收入支配各个环节的决策上占主导地位，女性也参与这些决策，但她们的意见只被作为参考，最终还是由男性来决定。这表明在家庭层面上，妇女确实参与了生产过程中的资源利用和分配，对主要资源的配置有一定的影响作用，但家庭内部的劳动分工包含了性别偏见。

6.6　社区水资源管理中的性别平等

甘州区水资源管理中的性别平等指标计算结果如表 6-10 所示。综合得分为 52.13，性别平等程度一般。

表 6-10　甘州区生产决策性别比综合得分

指标	参照系	指标得分	综合得分	评价结果
医疗费用性别比	女性	72.37	52.13	一般
收入性别比	男性	49.34		
教育性别比	男性	86.84		
用水者协会管理者性别比	男性	0		

用水户中女性的医疗费用大于男性，因此以女性作为参照系。医疗费用性别比为 72.37，性别平等程度相对较高。但女性的医疗费用大于男性，说明女性的健康水平低于男性，处于劣势地位。

甘州区用水户男性收入大于女性，收入性别比为49.34，性别平等程度处于中等水平。甘州区用水户男性与女性收入接近程度较低，女性的收入水平远低于男性，在经济资源的获取中处于劣势地位。调查中发现，男性外出务工的机会较多，因此，除了农业收入以外的收入使他们的总体收入远远高于女性。

甘州区用水户受教育年限男性大于女性，性别比为86.84，性别平等程度较高。甘州区用水户男性与女性受教育年限比较接近，主要是因为被调查农户多以接受义务教育为主，政策作用保障了男性和女性的受教育程度比较接近，但由于传统意识的影响，女性受教育程度总体上仍低于男性。

用水者协会管理者性别比为0，表明甘州区水资源管理存在严重的性别偏见。甘州区用水者协会的管理者中几乎没有女性，用水者协会的一切管理工作都由男性来承担，女性在管理中的力量非常微弱，处于从属地位。

甘州区用水户男性与女性的综合指标接近程度较低。在参与社区活动、健康和经济领域，男性处于核心地位，而女性处于边缘和从属地位；在教育领域，尤其是义务教育阶段，女性和男性的地位相当，但总体仍处于劣势。由此可见，妇女的发展一直处于男性的影子区域。在地处西北干旱地区的甘州区，水资源是农业生产中的重要资源，妇女对水资源的占有、管理、利用、控制的权利同样处于边缘地位，没有受到重视。

6.6.1 性别与健康

甘州区各地区男性和女性医疗费用差异比较大，如图6-15所示，负值表示男性医疗费用大于女性，按绝对值进行比较。

甘州区用水户性别与健康平等程度总体较高，大体介于70～100，差异较大，最高为李家湾（100），最低为少闸（28.05）。沿河、夹河、花寨、龙首、少闸等5个村得分小于40，男性和女性健康差异大，且女性比男性健康状况差；余家城、兴隆、东寺、王其闸、汤什、中沟6个村得分大于90，男性和女性健康差异很小；坝庙、管寨村、东寺、马站、党寨、金家湾、中沟、保安8个村男性的医疗费用大于女性，表明男性的健康状况比女性差，但总体来看，差异不太大。

6.6.2 性别与收入

图6-16所示，甘州区各地区用水户的收入性别比均为正值，表明女性的收入小于男性。

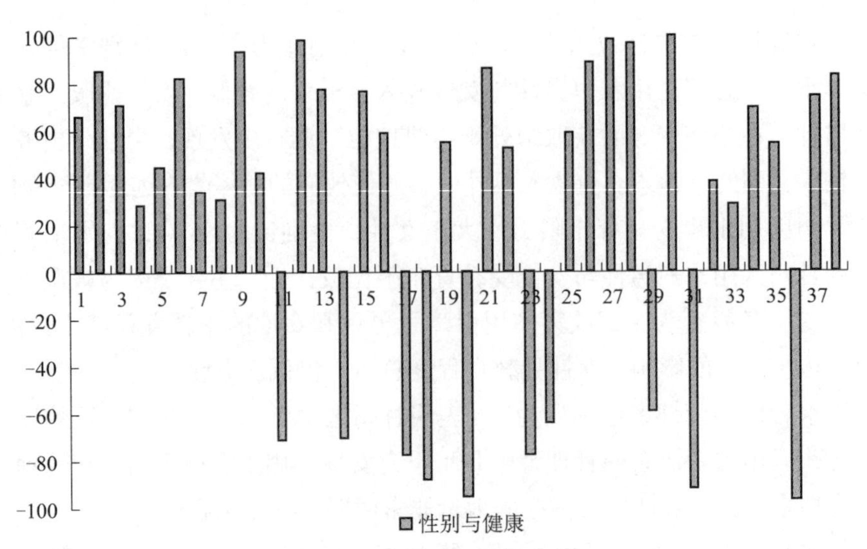

图 6-15　性别与健康评价指标

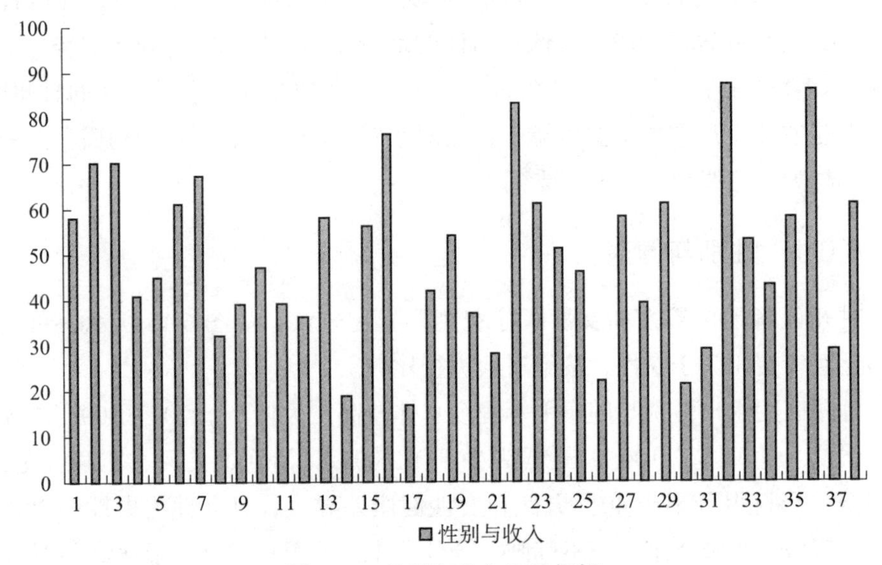

图 6-16　性别与收入评价指标

甘州区水资源管理的健康与经济平等处于中等水平，收入性别比为 49.34，大部分介于 21 ～ 80，基本呈正态分布，最高为龙首村（86.95），最低为管寨村（17.18）和幸福村（18.89）。说明甘州区农民用水户收入性别比差异较大，女性收入远低于男性收入。农村男性外出务工人数增加，获取非农业收入的机会增大，总体收入增加，与此相反，女性获得非农业收入的机会比男性少，收入相对较低。

6.6.3 性别与教育

图 6-17 所示，甘州区各地区农民用水户的受教育程度性别比，所有指标值均为正，表明女性的受教育程度低于男性。

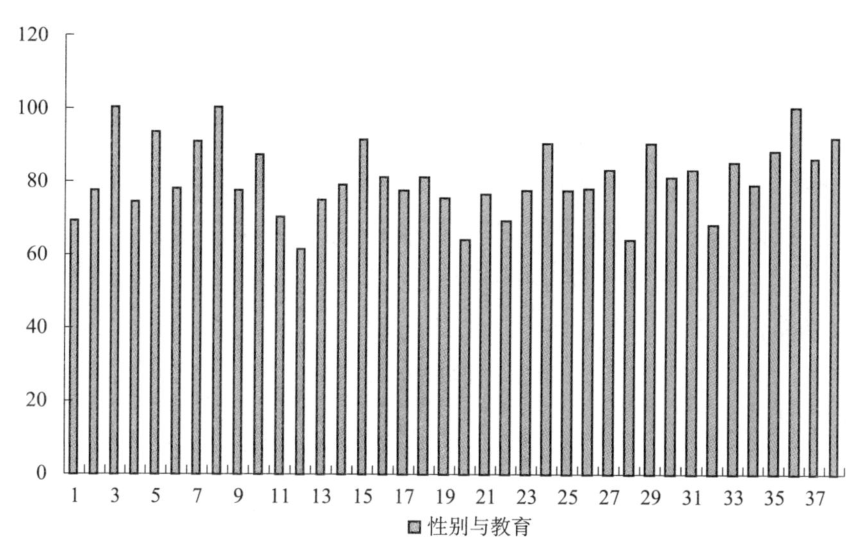

图 6-17 性别与教育评价指标

甘州区水资源管理的知识性别平等较好，受教育年限性别比为 86.84。最高为花儿、花寨、中沟村，均为 100，最低为兴隆（61.29）。所有指标值均大于 61。说明甘州区用水户男性与女性受教育年限比较接近，主要是因为被调查农户多以接受义务教育为主，政策作用保障了男性和女性的受教育程度比较接近，但由于传统意识的影响，女性受教育程度总体上仍低于男性。

6.6.4 性别与社区

甘州区用水者协会管理人员中，性别比例严重失调，被调查的 38 个用水者协会中，妇女管理者的数量均为 0。为了进一步确保研究的可靠性，获取甘州区水务局的资料进行验证，结果表明，全区用水者协会管理者共 1151 人，其中女性 7 人，仅占 0.6%。表明甘州区用水者协会中男性占优势地位，没有考虑到妇女在水资源管理中的积极作用以及妇女参与水资源管理的需求。

6.7 小结

甘州区农民家庭层面基于劳动时间的性别平等程度较高。男性和女性参与农业劳动的时间基本一样多，家务劳动时间妇女远多于男性，而闲暇时间男性则多于女性。妇女承担了大部分家务劳动，而这些活动都是与水资源密切相关的。因此，妇女在生活用水的利用和管理中具有重要的作用，同时在水资源利用和管理过程中对家庭成员的健康具有重要的影响，而这些领域，男性很少涉及。

家庭层面生产用水中的性别平等程度总体较低，男性在农业生产决策过程中占有核心地位，家庭内部生产用水的决策中，存在明显的性别偏见。

社区层面水资源管理性别平等程度一般，教育平等程度最高，主要原因是用水农民的受教育程度主要集中在义务教育阶段，因此，男性和女性差异不大，女性略低于男性。医疗、收入性别差异较大，总体来看，女性的健康状况比男性差，收入比男性低。用水者协会管理者中，几乎所有的管理者都是男性，性别严重失衡。

7 黑河中游水资源管理中的妇女参与

7.1 妇女与发展

妇女是创造和推动人类社会文明进步的重要力量。妇女的发展水平，是社会发展、国家发展的一个重要指标，妇女参与社会发展的程度是衡量社会进步的重要尺度。因此，近 20 年来妇女与发展问题便成为世界组织和各国政府异常关注的焦点。越来越多的人已经日益清醒地认识到：作为构成人类 1/2 人口力量的妇女，是社会发展与国家发展事业中重要的人力资源，如何使她们得以平等、有效地发展并取得成功，是一个非常重要而迫切的现实课题。随着现代化事业进程日新月异的发展，妇女的社会发展问题又在经历着一场前所未有的挑战和危机。因此，有关妇女与发展问题的探讨便成为近年来妇女学研究的前沿性领域。表 7-1 是妇女发展演变过程（Hooper B P，2005）。

表 7-1　妇女发展演变过程

项目目标与提出时间	概念		可能实施的发展项目
	问题概念	解决方法的概念	
福利（1950）	- 妇女贫困 - 妇女的特殊需求 - 妇女是暴力对象	- 在卫生、儿童、营养、保健等方面提供支持服务	- 妇产保健所 - 开展免疫 - 育儿项目
经济自立（1960）	- 妇女就业率低、生产率低，处在从属地位，缺乏生产技能	- 提倡自立、独立，提供生产技能，鼓励发展经营活动	- 妇女创收项目 - 妇女储蓄 / 投资 / 生产小组
效率（1970）	- 妇女是发展项目计划中曾经被忽视的资源 - 妇女是未开发的人力资源，需要技能培训并且能够得到资源	- 确定妇女的实际生产角色，认识社会性别劳动分工 - 改善妇女获得技能培训、技术和资源的渠道	- 增加妇女获得信贷、市场营销手段和技术的渠道

续表

项目目标与提出时间	概念		可能实施的发展项目
	问题概念	解决方法的概念	
平等（1995）	- 不平等结构 - 在入学、信贷、获得土地等方面妇女受到歧视	- 在妇女入学、获得生产要素、工资方面实行机会均等	- 积极行动倡导机会均等、平等参与 - 制定并实施机会均等有关法律
赋权（1985）	- 不平等的社会性别权利关系 - 男性统治的社会 - 来自男性和女性的社会和政治阻力	- 扩大妇女在发展过程中的参与，在生产资源控制方面实现社会性别平等 - 利用感召的战略、动员一致行动	- 实施考虑到妇女角色的面向基层妇女的项目 - 涉及倡导民主和政治行动的项目

对于妇女与社会发展的关系研究还是从 20 世纪 70 年代开始，经过迅速的发展、不断反思至逐步完善和深入的历程。主要有三个阶段（路德珍，2000；张莹，2007）。

第一，妇女参与发展（Women in Development，简称 WID）阶段。“妇女与发展”始于 20 世纪 70 年代早期，哀丝特·鲍斯鲁普《妇女在经济发展中的作用》一文的发表。20 世纪 70 年代和 80 年代中期，妇女与发展的研究主要集中于如何看待发展过程中的妇女，主张审视妇女在发展中的参与程度，鼓励妇女参与发展。其实践方式着重于如何使妇女更好地融入到正在实施的发展努力之中，倡导妇女在就业、教育及其他领域中更平等地参与，其工作重点侧重于“技术解决”，如提高妇女的教育水平、增加妇女的就业机会和利用资源的机会，提供技术转移和推广服务或开发能减轻妇女工作负担的实用技术。在妇女参与发展的方向下，妇女对发展及社会变革有不同于男性体验这一事实在制度上得到了承认，使专门针对女性的体验研究及角度的研究合法化。但妇女参与发展孤立地看待妇女，试图在现存的体制及其发展模式下寻求妇女发展的途径。

第二，妇女和发展（Women and Development，简称 WAD）阶段。妇女和发展也称新马克思主义女权方式，始于 20 世纪 70 年代后期，其理论基础起源于马克思主义，着重于妇女与发展进程的关系，而不单纯侧重于把妇女引入发展战略。其出发点是妇女在社会中从来就扮演着重要的经济角色，而且她们所做的家庭内外工作一直对社会的维持起着关键作用。但妇女和发展对阶级内部两性社会关系的分析很少，未能系统地论述社会性别问题及阶级中跨越性别的联盟与分裂。妇女和发展从社会组织的特定系统中去揭示妇女的命运，认为妇女受压迫是阶级压迫的起源和基础，是社会制度的产物。与WID相比，WAD对妇女的看法更具有批判性，但也未能对父权制、不同的生产方式及妇女的从属地位及受压迫之间的关系作全面的分析，对它们而言，妇女的状况主要是国际阶级不平等结构中现象的反映。

第三，社会性别与发展（Gender and Development，简称GAD）阶段。社会性别与发展崛起于20世纪80年代，其理论基础是社会主义女权主义。该理论关注性别不平等的根源和形式，将父权制和资本主义制度同时作为妇女受压迫的根源。其对妇女问题的分析超出了马克思主义的阶级范围，把生产关系与人的再生产联系起来，并考虑妇女生活中的各个方面，注重现行的发展规划及发展目标中对妇女的忽视或不重视程度，研究男人和女人的社会性别差异和不平等的发展机会，研究妇女和发展之间深刻的相互关系。认为不仅妇女需要发展，而且妇女发展本身就是发展的重要内容，任何发展目标中都应包括妇女发展及消除性别不平等的现象，否则这种发展将是不平衡的。

纵观妇女发展理论，主要集中在妇女在社会和家庭中的平等地位和权利问题；妇女参与经济活动是妇女发展的重要内容；妇女和发展的一个重要方面是妇女的文化教育水平以及整个生活质量的提高问题。

7.2 水资源与妇女发展

水，作为人类所需要的不可替代的一种资源，既是宝贵的自然资源，又是重要的环境要素。不仅是最基本的需求品，也是可持续发展的中心问题，是贫困消除的必需要素。水与健康、农业、能源和生物多样性密切相关。水资源是影响农村生活、食物生产、能源生产、工业发展和服务业增长的重要因素，也是维持生态系统完整性和提供产品与服务功能的重要因素（Hooper B P，2005）。

2003年2月在日本东京召开的第三届世界水论坛大会上，提出“水资源集成管理和流域管理主题”。这一主题认为：今天，大多数国家所面临的关键问题是有效的管理，提高或完善管理能力和发掘更多的财政支撑来满足不断增长的人类和环境对水的需求挑战。我们当前面对的是管理危机，而不是水危机（Hooper B P，2005）。

在我国，集成水资源管理的研究尚处于探索阶段，从性别角度的研究比较少，汪力斌于2007年在《农村经济》上发表的《农村妇女参与用水者协会的障碍因素分析》，通过对湖北和河北农业地区一些农民用水者协会的调查，了解了妇女参与用水者协会的状况和妇女在用水者协会中所起作用，分析了用水者协会对妇女所产生的社会经济影响以及限制农村妇女参与协会管理的原因，并就如何促进妇女参与灌溉管理提出了建议（汪力斌，2007）。这标志着我国性别平等和水资源管理研究的一个新的开始。

黑河流域深居中国内陆，处于干旱半干旱气候区，生态环境非常脆弱，水资源问题已成为制约经济社会发展和生态环境建设的重要因素，多年来，一直受到国家和政府的关注。同时，黑河流域所处的西北干旱区又是中国最贫困的地区之一，将水资源、贫困、妇女三大问题集于一体。

用水者协会在中国的蓬勃发展也引起了许多学者的关注，许多学者研究了用水者协会的组织形式、经济效益、运行机制、政策环境等问题，但是对于用水者协会中会员的性别问题还未见有系统深入的研究。改革开放以来，农村越来越多的男性转向城市寻找非农就业机会，妇女成为农业生产的主力军。但是目前，我国妇女参与水资源管理的比例还很小，在农民用水者协会中的会员比例和担任管理职务的比例仍然比较少。一项调查显示，在湖北省宜昌地区的28个用水者协会中，只有1名女协会主席。据对湖北和河北省6个农民用水者协会的调查：女性会员比例为30%，女性用水小组组长的比例约为20%，女性用水户代表的比例约为15%，女性农民用水者协会执委的比例约为10%（国家农业综合开发办公室，2006）。

自从2002年3月水利部把张掖市确定为全国第一个建设节水型社会的试点以来，按照节水型社会试点建设实施发展的整体要求，把建立农民用水者协会、推行用水户参与式灌溉管理作为水权改革、探索新的灌溉管理模式、建设节水型社会新型运行机制的主要内容来抓，截至2004年底，已全面完成了农民用水者协会的组建工作。全区成立农民用水者协会233个。通过几年的运作，已在水费收缴、渠道维护、农民减负、纠纷处理等方面产生了积极的效果，一定程度上提高了用水户的民主参与意识。但是，妇女参与用水者协会的比例很小，张掖市水务局资料表明，协会工作人员总数为1151人，其中，妇女仅有7人，占0.6%。对该区38个用水者协会的调查情况表明：协会管理者中，妇女参比例为0，被调查妇女中，很多都不了解用水者协会甚至没听说过，参加过用水者协会组织活动的也很少。

7.3 黑河中游水资源管理中的妇女参与意愿及影响因素

7.3.1 数据来源

男性和女性在家庭、社区中承担的角色不同，对水资源利用和管理的参与和影响程度不同，在水资源利用和管理中具有不同地位和角色。根据性别分析要求，本研究采用性别分离方法收集数据。调查对象为甘州区用水农户中的妇女，涉及甘州区16个乡镇的38个行政村，发放问卷122份，回收有效问卷102份（表7-2），问卷内容见附录Ⅲ。

表 7-2　调查样本属性

项目	属性	构成（%）	项目	属性	构成（%）
年龄（岁）	小于30	25	受教育程度	小学以下	27
	31～40	58		初中	63
	41～50	15		高中及中专	10
	大于50	2	家庭人均收入（元）	小于2000	15
家庭规模（人）	小于3	26		2001～4000	50
	4～5	66		4001～6000	23
	大于6	8		大于6000	12

7.3.2 妇女对用水者协会组织的认知程度

调查结果显示，18.9%的被调查妇女表示根本就不知道有用水者协会这个组织；26.2%表示听别人说过，但不知道具体是做什么的；44.1%表示了解一点，知道它所做的主要工作；仅有10.8%的人表示非常熟悉，多次参与组织活动。这说明目前熟悉用水者协会组织并经常参与其活动的妇女比例还很少，而约有一半妇女对用水者协会组织了解很少或根本不了解。在调查和访谈过程中，对妇女进行用水者协会的设置及职能等基本知识的宣传讲解，使被调查者对协会有了基本了解，因此，后面的分析中没有将“根本就不知道有用水者协会组织”的18.9%的样本删除。

调查表明（表7-3），妇女认为用水者协会的建立（选择不唯一）在节省灌溉时间（44%）、减少妇女夜间工作（28%）、及时灌溉（27%）方面有显著成效，在作物增产（17%）、增加收入（16%）、降低灌溉成本（16%）、改善村组邻里关系（16%）、减少用水量（13%）方面也有一定的作用。对妇女参与用水者协会管理优势（选择不唯一）的调查表明，20% 认为能够提高自己的能力，18% 认为能够减少男性工作量，他们可以外出打工，13% 认为能够增加收入，11% 认为她们对人和蔼可亲，更容易获得信任以及为贫困家庭着想，11% 认为有利于解决纠纷以及工作细心、负责任，8% 认为会更加受人尊敬。

表 7-3　妇女对用水者协会和妇女参与协会管理的认知

对建立用水者协会的认识	占比（%）	对妇女参与协会管理的认识	占比（%）
节省了灌溉时间和用工	44	增加收入	13
妇女不再夜间巡渠守水	28	提高自己的能力	20
减少了用水量	13	更加受人尊敬	8
降低了灌溉成本	16	对人和蔼可亲，更容易获得信任	11
灌溉更及时	27	工作细心，负责任	9
作物增产	17	有利于解决纠纷	9
增加了收入	16	为妇女和贫困家庭着想	11
改善了村组邻里关系	16	减少男性工作量，他们可以外出打工	18

7.3.3　妇女参与用水者协会管理的意愿和面临的困难

调查表明（表 7-4），大多数妇女对于参与用水者协会管理工作表现出积极的态度。81% 的被调查妇女表示愿意参与协会管理工作，19% 不愿意。这说明妇女对参与用水者协会管理具有强烈的愿望，但她们没有机会参与。

表 7-4　妇女参与用水者协会管理的意愿和面临的困难

调查项目		占比（%）
参与意愿	愿意	81
	不愿意	19
面临的困难	科学文化素质低	31
	身体不好	7
	家庭劳动繁重	24
	家庭成员不支持	5
	对自己没有信心	6
	没有机会参与	26

关于参与用水者协会管理面临的主要困难，31% 的被调查妇女认为是自己科学文化素质低，7% 认为是身体不好，24% 认为是家庭劳动繁重，5% 认为是家庭成员不支持，6% 是对自己没有信心，26% 认为是没有机会参与。这说明目前妇女在用水者协会管理中面临的最大困难是妇女的科学文化素质普遍较低，无法满足协会管理工作；其次是没有参与机会；繁重的家务劳动也是一个重要因素。此外，健康状况、家庭成员的意见，以及对自己的信心也是妇女参与协

会管理所面临的问题。

7.4 影响妇女参与用水者协会管理意愿的定量分析

7.4.1 影响因素

妇女参与用水者协会的比例很小，张掖市水务局资料表明，协会工作人员总数为1151人，其中，妇女仅有7人，占0.6%。对该区38个用水者协会的调查情况表明：协会管理者中，妇女所占比例为0，被调查妇女中，很多都不了解用水者协会甚至没听说过，参加过用水者协会组织的活动的也很少。虽然目前妇女参与管理的比例非常小，但是，调查过程中发现，80%的妇女认为，如果有机会，自己愿意参与协会的管理，而且能够胜任管理工作。由此可见，妇女参与用水者协会管理工作的积极性非常高，而且对自己充满了信心。因此，本研究选取了受教育程度、年龄、健康状况、家庭人均收入、家庭规模、最小孩子年龄、家庭成员态度、自信程度8个因素，并对妇女参与协会管理的意愿及其影响因素进行相关分析（表7-5）。

表7-5 解释变量说明及其与妇女参与协会管理意愿的相关系数

影响因素	解释变量名称	变量定义	相关系数
科学文化素质	受教育程度（Edu）	0=小学及以下；1=初中；2=初中以上	0.500**
身体素质	年龄（Age）	0=小于30岁；1=[30～40]岁；2=大于40岁；3=41～50岁	−0.379**
	健康状况（Health）	0=经常生病；1=很少生病	0.743**
经济状况	※家庭人均收入（Income）	0=小于0.2；1=[0.2～0.5]；2=大于0.5	0.060
家庭劳动	家庭规模（Num）	0=小于4人；1=[4～5]人；2=大于5人	−0.448**
	最小孩子年龄（Cage）	0=小于7岁；1=[7～16]岁；2=大于16岁	0.035
家庭成员态度	家庭成员态度（Att）	0=不支持；1=支持	0.493**
心理素质	自信程度（SC）	0=没有信心；1=有信心	0.640**

※表示经过标准化处理的数据；

** Correlation is significant at the 0.01 level

表 7-5 表明，妇女参与用水者协会管理的意愿与受教育程度、健康状况、家庭规模、家庭成员态度以及自信程度具有显著相关性（在 0.01 置信水平），相关系数介于 0.379 ～ 0.743。其中受教育程度、健康状况、家庭成员态度以及自信程度对妇女参与用水者协会管理的意愿有正面影响，即受教育程度越高，健康状况越好，家庭成员的积极支持及自信心强的妇女参与协会管理的意愿越强烈。年龄、家庭规模对妇女参与协会管理的意愿具有负面影响，即年龄和家庭规模越大，妇女参与协会管理的可能性越小。家庭人均收入和最小孩子的年龄与妇女参与协会管理意愿呈正相关，但影响作用不显著，因此，在建模过程中剔除了这两个因子。

7.4.2 模型建立

本书研究的是妇女参与用水者协会管理工作的意愿，即愿意参与，还是不愿意参与，结果只有两种，“愿意”、“不愿意”。因此，选择二元 Logistic 回归分析模型进行研究，将因变量的取值限制在 [0，1] 范围内，并采用最大似然估计法对其回归参数进行估计。设计模型时，本研究将妇女是否愿意参与用水者协会作为因变量，即 0 ～ 1 型因变量，将“愿意参与”定义为 1，将“不愿意参与”定义为 0。

Logistic 回归模型的数学表述如公式（7-1）所示（王济川，郭志刚，2001）。

$$f(p_i)=\frac{e^{p_i}}{1+e^{p_i}} \tag{7-1}$$

其中，$p_i=\beta_0+\beta_1x_{i1}+\beta_2x_{i2}+\cdots+\beta_kx_{ik}$ 表示在自变量为 x_i（i=1，2，…k）条件下 y=1 的概率。

y_i 的概率函数如（7-2）式所示。

$$p(y_i)=f(p_i)^{y_i}[1-f(p_i)]^{1-y_i} \quad (y_i=0, 1;\ i=1, 2, \cdots n) \tag{7-2}$$

y_i 的似然函数如（7-3）式所示。

$$L=\prod_{i=1}^{n}p(y_i)=\prod_{i=1}^{n}f(p_i)^{y_i}[1-f(p_i)]^{1-y_i} \tag{7-3}$$

对似然函数取对数得（7-4）式和（7-5）式。

$$\ln L=\sum_{i=1}^{n}\{y_i\ln f(p_i)+(1-y_i)\ln[1-f(p_i)]\} \tag{7-4}$$

$$\ln L=\sum_{i=1}^{n}\{y_i\ln f(\beta_0+\beta_1x_{i1}+\beta_2x_{i2}+\cdots+\beta_kx_{ik})-\ln[1+e^{\beta_0+\beta_1x_{i1}+\beta_2x_{i2}+\cdots+\beta_kx_{ik}}]\} \tag{7-5}$$

最大似然估计就是 $\beta_0, \beta_1, \beta_2 \cdots, \beta_k$ 的估计值。

7.4.3 模型估计结果与分析

本研究用 Eviews5.0 软件进行数据处理，模型估计结果如表 7-6 所示：

表 7-6 模型估计结果

Variable	Coefficient	Std. Error	z-Statistic	Prob.
C	−3.96125	2.907749	−2.22246	0.1793
EDU	4.140584	1.572879	2.41265	0.0179
AGE	−0.64706	0.913212	−0.69844	0.4846
HEALTH	4.178954	1.296574	3.423047	0.0055
NUMBER	−1.43064	1.115708	−1.14826	0.1603
ATT	4.157230	1.486523	2.894263	0.0043
SC	5.754435	1.398175	3.685412	0.0008
Mean dependent var	0.803922	S.D. dependent var		0.398989
S.E. of regression	0.210008	Akaike info criterion		0.454607
Sum squared resid	4.184571	Schwarz criterion		0.634752
Log likelihood	−16.18495	Hannan-Quinn criter		0.527553
Restr. log likelihood	−50.48164	Avg. log likelihood		−0.15868
LR statistic（4 df）	68.59336	McFadden R-squared		0.679199
Probability（LR stat）	1.59E-13	—	—	—
Obs with Dep=0	20	Total obs		102
Obs with Dep=1	82	—	—	—

模型计算结果表明，各因子的伴随概率（Prob.）都比较小，变量的系数为零的可能性很小，表明解释变量效果非常显著，模型同样通过了检验。科学文化素质、身体素质、家庭劳动负担、家庭成员态度以及自信程度是影响妇女参与用水者协会管理的主要因素。

受教育程度的系数为 4.14，即在其他条件不变的情况下，受教育程度每增加一个层次，相应地，愿意参与的概率就增加了 4.14%。妇女的受教育程度越高，参与用水者协会管理的意愿越强烈，这一结果与前面调查结果的分析相一致。伴随概率为 0.0179，接近于 0，表明妇女的科学文化素质是影响其参与用水者协会管理的重要因素，科学文化水平越高，参与意愿越强烈。

年龄的系数为 −0.46，即在其他条件不变的情况下，年龄每增加一个层次，相应地，参与意愿就减小 0.46%。妇女的年龄越大，参与管理的可能性越小。伴随概率较大（0.4846），表明年龄是妇女参与协会管理意愿的影响因素之一，但效果并不是非常显著。健康状况的系数为 4.17，即在其他条件不变的情况下，健康每增加一个层次，相应地，愿意参与的概率就增加了4.17%。妇女的健康状况越好，参与协会管理的意愿就越强烈，妇女的健康状况是参与协会管理意愿的重要影响因素。伴随概率为0.0055，接近于0，表明妇女的身体素质是影响其参与协会管理意愿的重要因素，身体素质越好，参与意愿越强烈。

家庭规模的系数为-1.61，即在其他条件不变的情况下，家庭规模每增加一个层次，妇女愿意参与协会管理的概率就要减小1.61%。家庭规模越大，参与管理的可能性越小，这一结果与前面调查结果的分析相一致。伴随概率较小（0.1603），表明家庭劳动负担是影响妇女参与协会管理的重要影响因素，家庭规模越大，妇女的家庭劳动负担就越重，协会管理的可能性越小。

家庭成员态度的系数为4.16，即在其他条件不变的情况下，妇女受家庭成员的支持程度每增加一个层次，参与的可能性就增加了4.16%。伴随概率为0.0043，接近于0，表明家庭成员对妇女的肯定是影响其参与用水者协会管理的正面因素。

自信程度的系数为5.75，即在其他条件不变的情况下，妇女的自信程度每增加一个层次，相应地，愿意参与的概率就增加了5.75%。妇女的自信心越强，参与用水者协会管理的意愿越强烈。伴随概率为0.0008，接近于0，表明妇女的心理素质是影响其参与用水者协会管理的重要因素，心理素质越好，参与意愿越强烈。

该模型的正确预测率为97.1%，对数似然函数（Log likelihood）值为-16.18495（<0.005），卡方（chi-squared）值为74.373（>25.5），表明本研究选择的模型具有很好的拟合优度。

7.4.4 妇女参与水资源管理面临的挑战

调查过程中发现，虽然妇女参与用水者协会管理工作的积极性非常高，但她们要真正参与管理，还存在很多困难，具有一些障碍因素。

1. 没有机会参与

调查结果表明，34%的被访者认为“没有机会”是限制妇女参与协会管理的重要因素。妇女很少有机会在村中担任领导角色，村委会、村支部都是以男性为主，妇女唯一在村中能够展现组织领导才能的岗位就是村妇联主任。用水者协会和村委会基本上是同一套领导班子。数据表明，甘州区用水者协会中，妇女管理者仅有7人，占0.6%。协会的会员登记制度和协会的选举制度限制协会会员以户为单位，1户1个会员。很多协会很自然地把每户的户主登记为会员，而没有考虑家庭成员中谁实际参与农业生产和灌溉较多。因为户主又多为男性，所以协会中的男性会员占大多数。协会的选举程序一般是由会员选举用水小组组长，组长选举执委，执委选举主席，基本上是由男性选择男性，因而造成各层代表中的妇女数量非常少。很多妇女认为“这些事情男人可以干，女人照样可以干”，“非常愿意参与村委会及用水者协会的成员，只是没有机会”，而且，大家认为由妇女担任协会管理者，具有工作细心认真，改善邻里关系，照顾到弱势群体等优点。男性和女性参与农业劳动的时间相当，但男性在农业生产决策中占有核心地位。人们普遍认为灌溉是男人的事，妇女缺乏这方面的知识，与协会基本没什么关系，因此由男人承担管理工作是天经地义的事情。甚至当问到对于妇女参与管理的看法时，有些人是嘲笑的态度。由此可见，用水者协会成了一种男权的制度，没有考虑妇女的权利，传统的性别观念低估了妇女的能力，成为限制妇女参与社区水资源管理的最大障碍。

2. 文化素质低

调查表明，37% 的妇女认为自己参与用水者协会管理的限制性因素是文化素质低。此外，大部分妇女对用水者协会管理制度、计算用水量、计算渠道建设的用工和用料方面缺乏知识，而男性外出打工做过很多建筑和工程方面的工作，他们在这方面知识比女性丰富得多。因此，文化素质低限制了妇女在农民用水协会中的管理工作，这与模型结果一致。

3. 妇女的日常家务负担比较重

调查表明，35% 的妇女认为，限制自己参与协会管理的因素是家庭负担重。丈夫常年在外打工，自己既要干农活，又要忙家务，劳动压力非常大，无力参与管理工作。另外，在广大传统农村家庭，妇女和男性一样从事农业劳动，但家务活动都由妇女承担，她们的闲暇时间远远比男性少，因而影响了妇女参与协会的管理，在模型结果中也有所体现。

4. 妇女与社会联系少，信息来源有限

和男性相比，妇女外出机会少，与社会的联系和交往少，信息和视野都非常有限，影响了她们参与协会事务管理和决策的水平。用水者协会是联系上级水管部门和农民用水户的一个过渡组织，需要经常与供水单位和水利部门的人员打交道，而农村妇女缺乏这方面的经验和社会资本，成为限制她们参与协会管理的因素。

5. 对自己缺乏信心

由于文化素质较男性低、缺乏管理知识和工程知识、传统性别歧视等综合因素影响，导致妇女认为自己在协会管理方面不如男性，无法胜任工作，导致她们不愿意参与协会管理工作。

7.4.5 促进水资源管理可持续发展的措施

针对以上妇女参与用水者协会的障碍因素，从以下几方面促进妇女的参与。

1. 制定促进妇女参与用水者协会管理的政策，建立和完善用水者协会的运行机制，为妇女参与创造机会

制定促进妇女参与用水者协会管理的政策，从数量上保证妇女参与，对愿意参与管理和能够胜任管理工作的妇女给予保障。在选举用水者协会代表和执委会成员时，应根据当地实际情况，选择一定数量的素质较高的女性代表或执委，以充分表达妇女的意见和心声，发挥妇女的才能和智慧。同时，还要照顾女性的生理特点，安排适合她们的工作，如宣传培训、处理纠纷、发动和组织妇女、财务管理和监督，并根据她们的实际工作确定合适的报酬水平。此外，协会组建、运行过程中，建立妇女参与机制。各个环节都要保证妇女参与，征求妇女意见，考虑到妇女的需求。由于男劳力的外出，很多女劳力在家种地、管水，她们理应有资格成为协会的会员。让妇女知道自己有权利参与协会的工作，如协会的组建、运行、协会代表的选举以及管理工作。也必须向群众说明主要参与农业生产和灌溉的家庭成员，都有资格成为协会会员，代表家庭成为会员，不只限于“户主”，更不只限于“男性”。

进行宣传教育，使村民能够突破传统性别意识，正确认识男性、女性的差异和妇女参与社会活动及管理工作的权利，能够接受和支持妇女参与用水者协会管理，提高妇女在水资源管理中的地位，最终促进水资源管理和社会的可持续发展。

2. 提高妇女的文化素质及参与用水者协会管理的能力

努力提高妇女的文化素质，重视农村女性的义务教育，加强学习和再学习的能力，为参与社会管理提供保障。进行宣传和教育，保证妇女理解协会成立的意义、协会的基本职能和服务范围，让她们对协会有非常明确的认识，从而调动她们在农民用水者协会中的积极性和主动性。同时，在闲暇时间对妇女进行灌溉技术和管理知识、领导能力、公民意识等方面的培训，增强她们领导、管理和参与农民用水者协会的动力、能力和信心。保证妇女具备协会管理所需要的技术和管理能力，在协会管理工作中发挥作用。

3. 充分发挥家庭的作用，为妇女参与用水者协会提供坚实的后盾

进行宣传教育，使家庭成员认识到自己的支持和鼓励对妇女参与协会管理有非常重要的作用。家庭成员应在精神上给予鼓励和支持，肯定她们的能力，让她们对自己参与用水者协会增加信心。提高妇女在家庭中的地位，重视妇女在家庭生产决策中的意见和权利。为妇女分担家务劳动，为她们参与协会管理提供时间保障。在生产和灌溉等方面给予指导，让她们获得更多的知识，提高参与协会管理的能力。

4. 借鉴先进的管理经验，发挥妇女组织的作用

妇女组织在用水者协会管理中发挥了重要的作用。北京农家女文化发展中心多次举办“农村妇女参与用水者协会”的培训，介绍参与式灌溉管理、用水宣传小组的能力建设、性别意识及农村妇女在农村社区发展中的地位和作用等知识，制定了妇女如何参与灌溉的行动计划。该中心组织的培训，加强了妇女参与灌溉管理的意识，对妇女及弱势群体在协会中的地位起到了积极的推动作用。参与学习培训的妇女将把知识带回农村，传授给更多的妇女。可以看出，单个妇女的力量非常有限，但将妇女集中起来，建立自己的组织，集体的力量是无法估量的。因此，应该积极鼓励妇女组织的发展，充分发挥妇女组织在促进妇女参与用水者协会管理中的重要作用。

5. 将性别平等纳入评价用水者协会运行和管理的指标体系

公众平等参与是用水者协会的原则，因此，协会中性别平等是衡量的重要指标。应当制定各种规章制度，鼓励妇女参与协会管理，对协会管理提出需求或合理化建议，并监督协会的运行和管理。在衡量协会运作和绩效评价的标准中，应当把妇女在协会中的代表性和作用作为衡量的标准之一。

调查过程发现，经济状况和人们的能力、威望以及自信心等有密切的关系，对妇女参与协会管理意愿的影响则更为复杂，在研究结果中它对妇女参与协会管理意愿并没有显著影响，因此，应作进一步的研究。此外，政策是妇女参与水资源管理的外部条件，直接决定着妇女是否有机会参与协会管理，从而影响她们的参与意愿，但很难将其影响量化，因此应作进一步的探索。

8 基于参与式农村评估的水资源利用管理案例

8.1 参与式农村评估方法

8.1.1 参与式方法的起源与发展

参与式农村评估这个名词是在 1985 年的肯尼亚国际会议上以快速农村评估的 7 种形式之一而出现的。其宗旨是要通过外来者的协调作用，鼓励唤醒当地社会的参与意识。参与式农村评估的应用可以视作是以 1988 年非政府机构（NGO）的发展学者在肯尼亚和印度的农村实践工作作为开端。其后，印度的许多政府和非政府人员都开始接受参与式农村评估的有关培训。伦敦的环境发展国际学院在福特基金会与瑞典国际发展署（SIDA）的帮助下，通过在非洲和亚洲的工作，为该方法的普及与发展起到了关键性作用。目前，已有 100 多个国家在独立开展参与式农村评估活动，有 30 多个国家联合参与式农村评估网络在开展活动（汪力斌，薛姝，2003；石晓华，2003）。

8.1.2 参与的涵义和实质

“参与”是参与式发展和参与式社会评估的核心概念，对“参与”的理解可归纳为以下方面（李小云，1999）。

（1）拉美经济委员会认为，参与是人们对一些公众项目的自愿贡献，但他们不参加项目的总体设计或者不应该批评项目本身的内容。

（2）Cohen J M 等认为，对应农村发展来说，参与包括人们在决策过程、项目实施、利益分享以及效益评估中的介入（Cohen J M，Uphoff N T，1977）。

（3）Pearse A 等的理解是，在给定的社会背景下，为了提高资源管理效率，将过去被排除在资源及管理部门控制之外的人们，进行的有计划、有组织的安排（Pearse A，Stiefel S，1979）。

（4）社区参与是受益人影响发展项目实施及方向的一种积极主动的过程。这种影响主要是为了改善和加强他们自己的生活条件，如收入、自立能力，以及他们在其他方面追求的价值。

“参与”的实质是一个决策的民主过程，参与式发展的核心在于“赋权”，强调多方参与，尤其是项目目标群体积极主动的参与，在多方倾听中求得决策的公正与科学。

“参与发展”（Participatory Development）或“参与式发展”的核心是把发展看作一个力求趋向正发展的过程。在这个过程中，让目标群体始终真正地参与到发展项目的决策、评估、实施、管理等每一个环节中，征求他们的意见、建议，学习、利用他们的知识、经验，培养他们对发展的责任感，使他们充分认同并接受发展的决策与选择，把发展当成自己的承诺，并把所有外部的信息、技术及资金等方面的支持变成自己内源的发展动力，从而使所实施的发展项目最大程度地达到正发展目标，走的是一条“以人为本”、自下而上、全员参与的新的发展路子。参与发展理论的主要倡导者们还有个“零忍耐”政策，即所开展的项目要能够提高或至少不降低项目影响区人们的生活水平，最大限度地缩小或不扩大项目区的贫富差别、民族差别和性别差异，不破坏项目区现有的生态环境和人文环境。如果不可避免的话，则必须提出切实可行的解决方案，以保证这些问题出现后，能及时得到解决（周大鸣，秦红增，2003）。

8.1.3 参与式工具及使用原则

参与式是一个发展的概念，参与式方法也处于不断的发展过程中。由于人们对方法和工具的理解不同，方法和工具所承载的信息也不尽相同。主要工具有 7 大类（Chambers R，1994a，1994b，1994c；李小云，2001）。

1. 访谈类

包括半结构访谈中的个体访谈、主要知情人访谈、小组访谈、焦点小组访谈、问卷调查和大事记访谈，并对非正式的对话式访谈（半结构访谈）、提纲式访谈、标准化的自由回答式的访谈和封闭式的定量分析进行了简单的比较。

2. 村民会议

PRA 活动一般从村民代表大会开始，随后还会有更多的分组专题讨论会。通过这些会议的召开，让工作家喻户晓，取得村民的配合，激励村民参与，让不同的人群分享调查结果，让村民作出决策，把各方面的积极性调动起来。

3. 二手资料

资料查阅是常用的二手资料收集方法，是对现有存档记录在案的资料的查阅收集过程。在收集过程中，应根据需要适当取舍。进行二手资料查阅时，首先应弄清二手资料的种类，并按一定的标准分类。由专人对不同类别的二手资料进行查阅取舍，进而获得有用资料，然后交流汇总，以进一步确定需要补充的直接资料的种类。

4. 直接观察和社区踏查

到达研究地后，对周围事物进行观察，如道路状况（公路、小路）、森林、农地、房屋、当地人的衣着、外表和精神状态等。这些观察可以提供当地经济状况的信息，使小组成员直接取得对工作地点的感性认识。

5. 图示类

主要包括土地利用剖面图、社区资源图、历史演变图、季节历、机构关系图和活动图。村民们都能够通过图件的形式来表达，而且能做到符合实际。在参与画图的过程中，会激发社区居民对他们所居住的环境进行思考并开展讨论，讨论社区资源利用中的困难、问题及可能的解决办法，以利于社区问题的解决。

6. 排序类

由当地居民自己确定标准，并进行排序，主要包括简单排序、矩阵排序、贫富排序等。

7. 分析类

主要包括性别分析法、优势—劣势—机遇—风险分析法（SWOT 分析法）和问题分析法（问题树 / 析因分析）。

在选取参与式方法与工具时主要考虑到参与式方法的应用不是简单的工具使用，它必须具有使用过程中的可控性和技巧性，而机械的、生搬硬套的使用不仅违背其使用原则也不可能获得满意的结果。以下是结合实践并参考指南规定，在研究过程中需要遵循的主要原则（李小云，2001）。

原则 1：简单、直观而且能为当地群众所理解和接受。

原则 2：转变态度与行为。抛弃习惯性思维（如农民素质低等）；尊重并认真倾听当地农民发表意见；将自己的角色定位于协助者，而把主动权交给当地农民。

原则 3：重视多样性和差异。承认不同的个人、群体对同一事物可能存在的不同的看法、观点、解释乃至偏见，这对于全面了解、分析事物和促进当地人参与非常重要。

原则 4：定性与定量结合。定性的分析使我们明白事物的变化趋势，定量的分析使我们确定其程度。

原则 5：相互验证的三角法则。应用不同的方法、信息类型、来源等获取的资料数据相互核对、验证（图 8-1）。

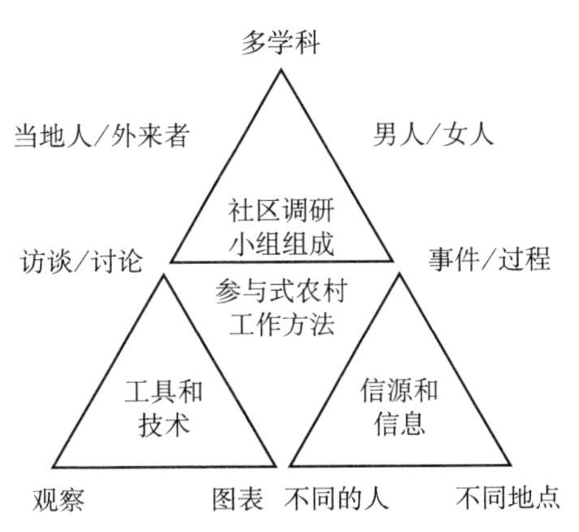

图 8-1　参与式工具的相互验证

8.1.4　参与式社会评估的角色

参与式社会评估的角色（周大鸣，秦红增，2005；Holte-McKenzie M et al., 2006），包括以下几种。

1. 外来者

在参与式发展过程中，外来者的作用是协助和帮助当地人进行调查和分析，尊重当地人，为他们提供可靠的信息。主要包括：拟定主体、选择工具、确定地点、收集资料、观察了解、监测评估、发现问题、提供信息、记录整理、分析讨论、规划实施等。

2. 当地人

当地人即项目所涉及的受益人群，他们比任何一个外来者都了解当地的实际情况，更加熟悉自己的发展限制、发展能力和发展机会，以及在完成项目中能够作出的贡献。他们在外来者的协助下，根据自己的实际情况，表达自己的意愿，并协助外来者发现潜在的解决问题的办法。在受益人参与过程中，参与式社会评估特别强调弱势群体，如经济困难者、妇女、女童等，因为相对于其他群体，这部分人更应该从项目中获得受益，而他们往往在社区中很少有发言权。

3. 基层官员

基层官员是受益群体的代表，对参加项目的受益群体应该大力支持和鼓励。基层人员与受益群体之间应是一种平等和谐的关系。其任务是帮助受益群体做好自己的项目，主要是采取自下而上的方式，让农民参与项目的全过程，帮助当地人用好本地资源，并向他们提供相应的服务和有用的知识、信息。

4. 决策者

决策者在项目对象中，征求不同利益相关者的意见和建议，提出决策方案。

8.1.5 参与式方法的应用

参与式方法的应用，既强调产出，更强调过程。参与式方法给了非主流群众一个发言的机会，创造了一种民主和平等的气氛。起点是把发展看作一个过程，以过程而不是以结果为导向。只要过程的每一步都做得很好，结果也必定较理想。目前，参与式发展的领域逐步扩大，从农业、林业发展到农村能源、卫生保健、妇女、供水、教育等领域，从纯粹的自然保护拓展到生产和保护相结合，从目标扩展到综合发展，从农村发展向小城镇发展扩展（周大鸣，秦红增，2005；李小云，1999；陈绍军，2011）。参与式评估方法目前正在自然资源管理（任晓冬，黄明杰，2001；Dube D，Swatuk L A，2002；Quinn C H et al.，2003；Dermana B，Hellum A，2007；Marschke M，Sinclair A J 2009；张宁，2007）、生态环境保护（高峰等，2006）、农业（Warren D M，1993；石晓华，2003；李丁等，2011）、人民生活、贫困（Uysal ÖK，Atış E，2010）、社区发展（李亦秋，2004；孙托焕，2004；赖力，2009）、妇女发展（Mosse D，1994；Armitage D R，Hyma B，1997）等很多领域有越来越广泛的应用。

8.2 研究过程

8.2.1 调查程序和调查内容

为了使当地农户能够真正地参与到水资源管理的整个过程中，使研究结果能够充分体现当地农户的意愿，本研究充分利用了参与式农村评估的方法和工具，通过制图、访谈和会议等形式，让各个层次的管理者和农民理解这项活动，激励农民配合和参与，让不同的人群分享调查分析结果，让农民自己作出适应当地需求的决策。

调查程序主要有以下步骤（图 8-2）。

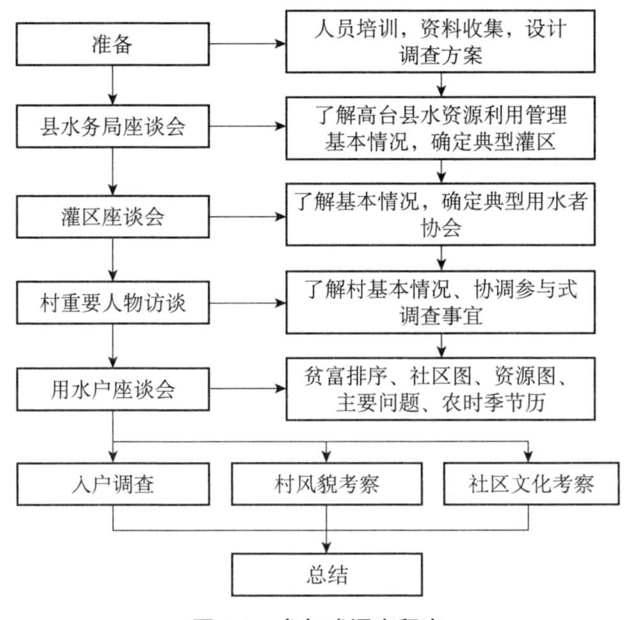

图 8-2　参与式调查程序

（1）对调查人员进行培训，掌握工作方法和要领。收集相关资料，了解当地基本情况。最终确定调查方案及调查程序。

（2）通过高台县水务局的座谈会，了解了高台县水资源利用和管理现状及问题，认为三清和红崖子灌区具有代表性。三清灌区是参与式水资源管理实施最好的灌区，是水票制试点灌区，取得了非常好的效果。红崖子灌区属黑河支流摆浪河水系，是典型的河水灌区，水源丰富，但水库调蓄能力差，水资源利用困难。

（3）通过两个灌区水管所的座谈，确定了三清灌区胜利村及红崖子灌区西大村分别进行个案研究。

（4）进入村庄以后，首先对村里的重要人物进行访谈，了解村庄基本情况及水资源利用管理历史。

（5）进行社区踏查，观察村庄风貌，了解地形、地貌、生态、植被及社会经济情况、居民房屋建设情况、道路、渠系等基础设施。

（6）组织小范围村民会议，进行贫富分类和排序、分组绘制社区资源图、农事季节历及一日活动图，并有针对性地（性别分离、贫富区分）进行问卷调查和半结构访谈（访谈提纲见附录Ⅳ）。

（7）召开村民会议，应用头脑风暴法，收集关于村庄发展、农民生产生活及水资源利用中的问题，完成问题树，结合专家意见，与村民共同完成目标树。

8.2.2 研究方法

通过参与式调查，认识调查区域的自然、社会、经济概况，充分了解其农业生产特征；建立指标体系，对比分析水资源利用和管理状况及变化情况，进行 Kolmogorov- Smirnov test 和 Mann-Whitney U test 检验两个阶段水资源利用管理的变化是否显著；建立数学模型，评价水资源利用管理绩效及影响因素；综合多方面信息，运用问题树方法定义社会发展中存在的主要问题和核心问题，进行相关利益团体分析；运用目标树方法，对应问题树，提出解决问题的建议和对策。

1. 水资源管理绩效评价指标体系

自从人类开始利用灌溉改进农业生产以来，绩效评估已成为灌溉管理不可分割的部分。由于目标不同，对其定义也有差异。对绩效的普遍定义主要有以下两方面：①一个组织所提供的产品和服务满足其顾客和使用者需求的程度；②一个组织利用资源的效率（Uysal ÖK，Atiş E，2010）。本研究选择充足性、利用强度、生产力、可持续性、管理效率 5 个维度建立指标体系（表 8-1）。

表 8-1 水资源管理绩效评价指标体系

维度	指标	定义	单位
充足性	相对供水量	灌溉供给量 / 灌溉需求量	m^3/m^3
利用强度	耕地利用率	实际耕作面积 / 法定可耕种面积	%
	用水户数量	用水户数	户
生产力	单位面积产出	农业总产值 / 实际耕作面积	元 / hm^2
	单方水产出	农业总产值 / 灌溉供给量	元 / m^3
可持续性	可持续性灌溉面积	总供水量 / 单位面积需求量	hm^2
	渠系长度	总灌溉面积 / 渠系总长度	hm^2/km
	渠系质量	总灌溉面积 / 衬砌渠系长度	hm^2/km
管理效率	灌溉时间	灌溉一次所花时间 / 灌溉面积	h/hm^2
	水费收缴率	实际收取金额 / 应收取金额	%

相对灌溉供给用于测量灌溉用水供给的充足程度，是灌溉供给和需求的比率，反映灌溉用水的供给程度，比值越大，供水充足程度越高。作物强度为实际种植面积与法定耕地面积之比，100%～200%为最好，数值越小，等级越低。生产力指标为单位面积产出和单位用水量产出。可持续性指标为保证灌溉面积，是目前灌溉面积与初始灌溉面积之比；面积/基础设施比值为灌溉面积与渠系长度之比。财政效率指标为水费收集情况。

2. 数据说明

为了对比分析胜利村和西大村用水者协会的管理绩效，收集了用水者协会多年记录资料和数据，同时，以用水者协会的会员及管理者农民作为调查对象，2010年进行随机抽样调查，具体内容见附录Ⅴ。根据95%置信水平和10%的抽样误差确定样本数量，分别为65份和26份。通过面对面访谈的形式获取农民对用水者协会的态度。两次调查的有效问卷分别为86份和32份。

3. 数学模型

本研究选择二元Logistic回归分析模型，将农民对用水者协会管理的总体满意度作为因变量，取值限制在[0，1]范围内，即“不满意”或“满意”，并通过采用最大似然估计法对其回归参数进行估计，研究农民对水资源管理的满意度及其影响因素。

8.3 三清灌区胜利村参与式水资源管理

8.3.1 胜利村基本情况

1. 位置及自然概况

胜利村位于甘肃省高台县南部南华镇境内，距南华镇中心30km，距县城30km。介于99° 47′ 41″ E～99° 48′ 00″ E，39° 19′ 13″ N～39° 18′ 52″ N之间。属河西走廊黑河中游干流区，地势平坦，平均海拔约1340m，气候干燥，年降水量为100mm左右。

2. 社会概况

胜利村辖5个社（自然村），截至2009年底，共有农户213户，人口822人，其中，男419人，女403人。2009年劳务输出约410人。村民对社区的认识如图8-3所示。

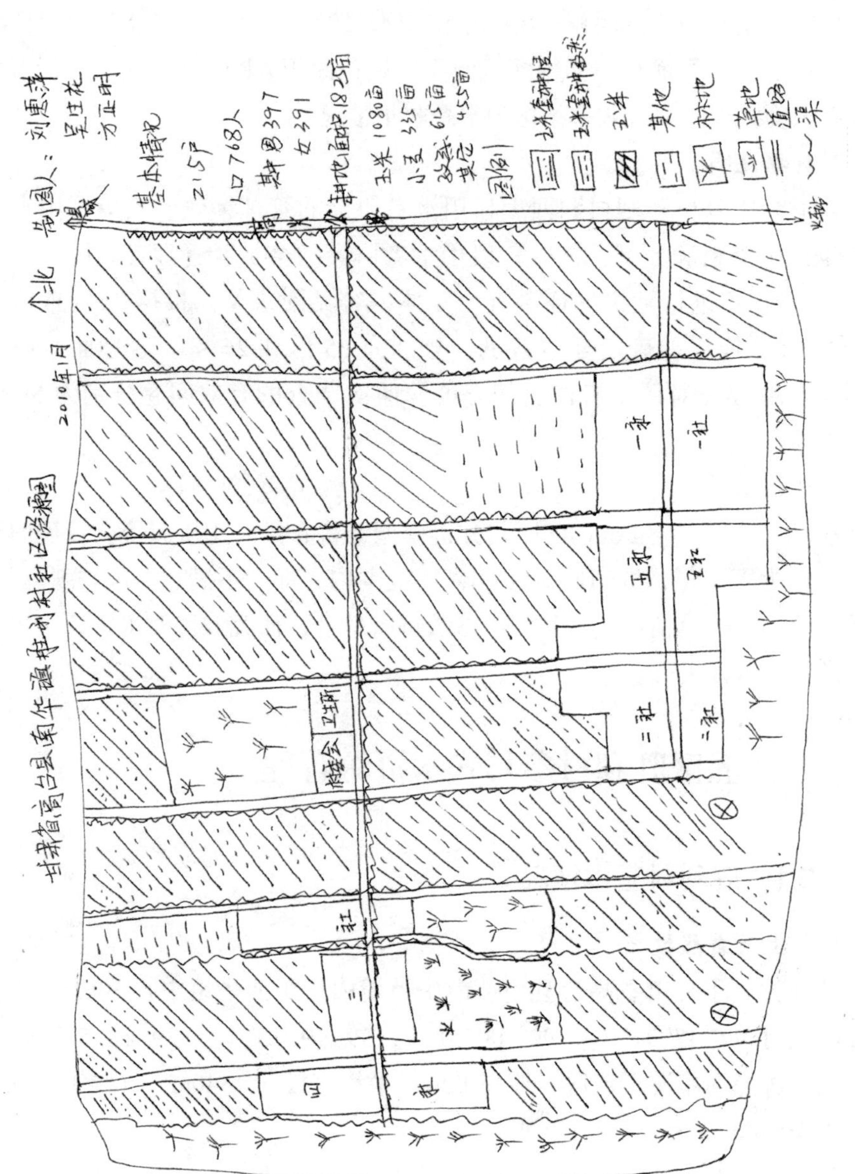

图 8-3 胜利村村民手绘社区图

胜利村共有人口822人，总户数213户，户均人口约4人。图8-4表明，60岁以上人口占11.07%，平均每两户就有一位老人，人口老龄化非常严重。14岁以下和60岁以上人口占27.62%，人口负担非常重。调查发现，老人独居的情况较普遍，约占12%，主要因儿女在外工作或不愿与老人共同生活，他们通常种植少量粮食作物供食用，家庭养殖（以羊为主）收入作为日常开支。如村民郇某（男），64岁，患高血压，妻子62岁，患风湿性关节炎，行动不便，儿子住在同村，但不愿与他们共同生活，郇某种2亩地小麦和玉米，养4只羊，偶尔打零工补贴家用。

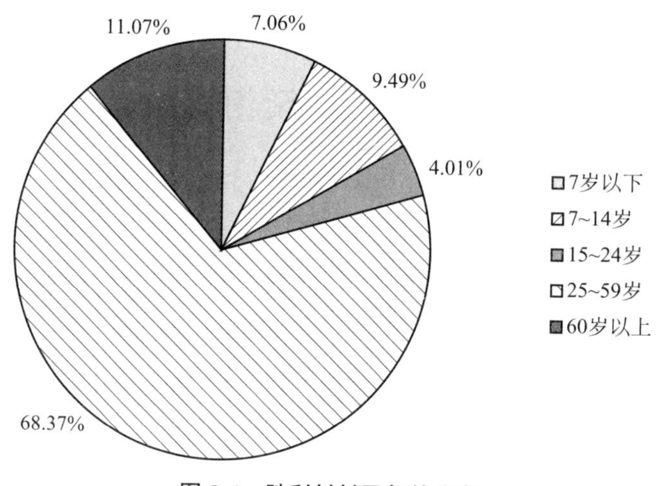

图8-4　胜利村村民年龄分布

村民文化程度分布如图8-5所示，村民文化程度以小学和初中为主，共占总人口71.29%。高中及以上共224人，占27.25%，其中86.61%为在校学生，农民科学文化素质普遍较低。

3. 经济概况

胜利村农户主要收入来源有农业、养殖业、打工收入。调查结果表明，2009年农民人均纯收入为4699.29元，低于南华镇和高台县平均水平。年人均农业收入约2977.40元/人，养殖业收入276.33元/人，打工收入2596.82元/人，其他收入为153.85元/人。分别占农民总收入的49.81%、4.62%、42.99%、2.58%。如图8-6所示，农业收入和打工收入是胜利村农民的主要收入来源。

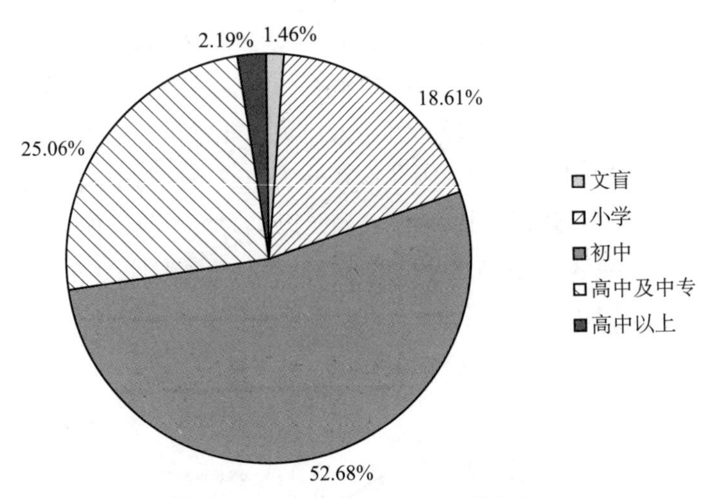

图 8-5　胜利村村民文化程度分布

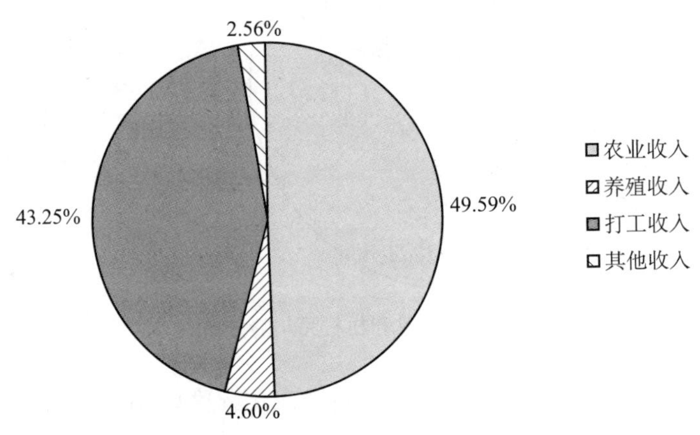

图 8-6　胜利村农户收入来源

农业收入是胜利村第一大收入来源。全村有法定耕地 1780 亩，此外还有一部分荒地，实际种植面积为 2400 亩，主要种植的粮食作物有玉米、春小麦，经济作物有孜然、甜菜、棉花、番茄及制种蔬菜。据农民反映，由于黑河向内蒙古分水，地下水位下降，井里抽不出水，灌溉不足，作物产量不理想。2009 年作物严重减产，价格也没有达到预期的水平，尤其是孜然和玉米价格较往年低很多。其中一社最严重，秋粮减产了 30% 左右。由于水资源不足，很多农民对种植结构进行了调整（表 8-2），2010 年与种子公司合作，种植制种四季豆，每亩地收入 1000 元，耗水量较小。此外，原来大面积种植的番茄，耗水量较小，适宜种植，但由于工业园区污水排放，污水灌溉导致耕地土壤污染，番茄大量死亡，2010 年种植面积大幅减少。

表 8-2　胜利村主要作物及种植结构

2009 年			2010 年		
作物	播种面积（亩）	比例（%）	作物	播种面积（亩）	比例（%）
玉米	630	26.25	玉米	520	21.67
小麦	360	15.00	小麦	310	12.92
孜然	800	33.33	孜然	588	24.50
棉花	150	6.25	棉花	80	3.33
番茄	120	5.00	番茄	100	4.17
油料	60	2.50	油料	80	3.33
制种	80	3.33	制种	550	22.92
甜菜	40	1.67	甜菜	20	0.83
其他	160	6.67	其他	152	6.33
合计	2400	100	合计	2400	100

打工收入是胜利村农民的第二大收入来源，2009 年胜利村劳务输出 410 人次，约占总人口的 50%，几乎所有的成年男性都外出打工。其中，35% 左右常年在外打工，多为青壮年，普遍从事建筑业，小部分人做生意。这部分农户的主要特征是：①家中父母或妻子能够胜任农业生产及家务劳动；②家庭人口较多，开支大，负担重；③头脑灵活，文化程度较高，掌握一定技术，能获得相对较高的报酬。此外，65% 的男性农民利用农闲时间在附近打短工。主要因为：①家庭劳动力较少；②年龄偏大；③文化程度较低。调查发现，有劳务输出的家庭经济条件明显要好，生活水平相对较高。农民普遍认为，外出务工不仅能够增加收入，而且能够开阔眼界，更新观念，学习新技术和新方法。

养殖业主要以家庭养殖为主，有牛、羊、猪等（表 8-3），牛和猪主要为圈养，羊为放养。猪肉以自己食用为主；牛在用于农业生产的同时，还能生产牛仔进行出售，作为养殖业收入来源之一；养羊成本低，周期短，以羊毛和羊肉的形式出售，为养殖业的主要收入来源。调查表明，养殖业以土地较多、劳动力较充足的家庭为主。农户没有养殖的原因主要有：①土地少，无法种植足够的饲料；②劳动力少，没有充足的时间；③夏季生活用水不能保证人畜饮水；④没有投资能力。

表 8-3 胜利村养殖情况统计 单位：头、只

种类	牛	羊	驴	猪	鸡
数量	422	1500	24	1213	5000

2009 年支出结构如图 8-7 所示，主要支出为农资支出、教育支出、医疗支出、日常支出，分别占总支出的 32%、13.35%、10.59%、44.06%。其中灌溉水费支出占农资支出的 22.03%，占总支出的 7.06%。

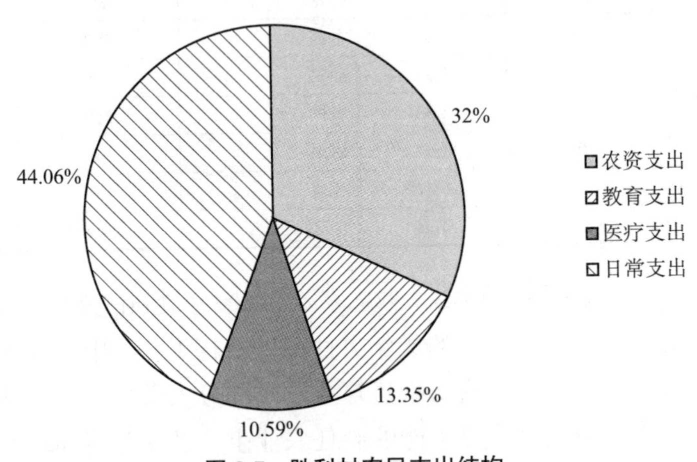

图 8-7 胜利村农民支出结构

农民普遍认为教育开支太大，负担非常重。小学和初中教育开支还能接受，学费全免，只要资料费，但生活费用高。他们认为“再苦不能苦孩子”，更何况现在孩子少，很多都是独生子女，吃、穿、玩等要求高。农民表示各方面的费用相对较高，但还能勉强接受。高中和大学教育开支负担非常重，一个高中生一年的费用大概 10 000 元左右，大学生约 15 000 元左右。如受访者郇某（女），16 岁，是南华镇初中三年级的学生，家中 6 口人，爷爷和奶奶都七十多岁，无法从事农业生产活动，叔叔瘫痪多年，父亲一边干农活，一边打工补贴家用，她上学到初三已经非常不容易，学习还不错，但家中无法负担上高中的费用，所以她打算初中毕业就去打工。此外，由于就业难，对于子女大学毕业以后找工作问题，很多农民表示非常担心。如村民王某，常在外打工，家中 10 亩地由妻子一人耕种，三个孩子全部大学毕业，但都没找到工作，生活压力特别大。

访谈中，农民普遍反映医疗费用高，头疼感冒都得花好几十元钱，如果患重病，则无法承受。许多农民患了病也不愿去医院治疗，因为高昂的医疗费用

远远超出了他们的支付能力。

在农业支出中，水费占22.03%，农民认为现在水费非常高，平均一亩地一年110元左右，而且还不能保证充分灌溉，水比原来（2000年前）少了很多，但水费高了很多，如果有充足的水，就能够保证作物产量，为了生产，也能勉强接受。

4. 农业生产活动

对胜利村农民的农事活动、时间安排以及劳动强度进行了调查，结果如图8-8、图8-9，表8-4所示：

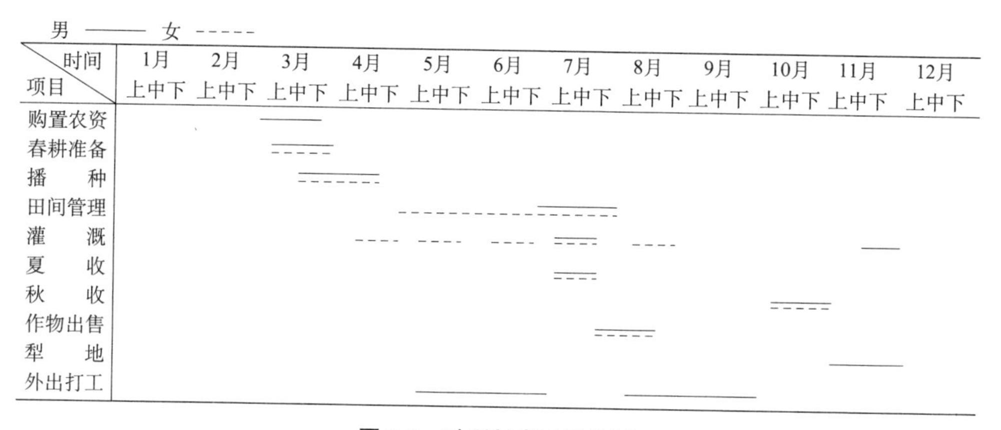

图 8-8 胜利村农时季节历

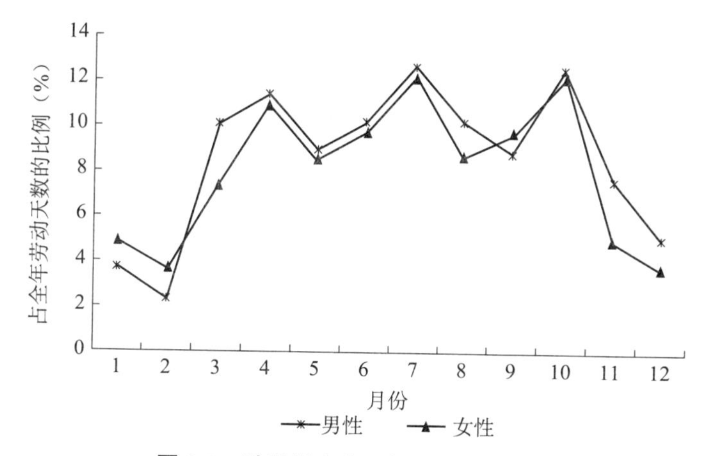

图 8-9 胜利村农户一年劳动强度分布

表 8-4　农户每日活动时间安排

最忙的一天（7 月）			最闲的一天（1 月）		
时间	男	女	时间	男	女
5：30	起床喂牛	做早餐、打扫	8：00	起床，喂牲口	起床做家务，做饭
6：00	下地干活	下地干活	9：00	看电视、打牌、串门	针线活
11：30		回家做饭、喂牲口、做家务	11：30		做饭
12：00	回家吃饭		12：00	午饭、喂牲口	午饭、家务活
14：00	下地干活	下地干活	14：00	看电视、打牌、串门	针线活
21：00	回家喂牲口	回家做饭	18：00	喂牲口	做饭、家务活
22：00	休息	做家务	19：00	看电视	看电视
22：30	—	休息	23：00	休息	休息

3～4 月份为播种期，7 月为夏收季节，10 月为秋收季节，因此，这三个时期劳动强度大，男性和女性都完全参与农业劳动。5～7 月主要工作为田间管理和灌溉，一般家庭由女性完成，男性外出打工，也有些个别家庭由男性和女性共同承担。10 月份以后主要进行犁地和冬水灌溉，一般由男性完成，男性常年外出打工的家庭，则由妇女完成。在最忙的季节，男性农业劳动时间每天 13h，女性 12.5h，家庭劳动时间 0.5h，女性 3h，劳动强度非常大。在农闲季节，没有农活可干，男性的家庭劳动以喂牲口为主，女性则是家庭劳动的主力，照顾全家人的生活起居，闲暇时间还要做针线活。

5. 交通、教育、医疗

胜利村有沙石道路两条，总长 3800m，宽约 3m。村民反映村内道路太窄，田间路况差，农作物运输困难。胜利村原有一所小学，校舍 14 间，现被合并至南华镇小学，校舍作为村委会办公用地。农民大都认为教育水平比原来提高了，但孩子上学不方便，幼儿园和小学生都要接送，一天 4 次，还得按时做饭，妇女负担非常重。初中在南华镇中学，学生骑自行车上学，但安全问题让家长很担心。农村卫生所只有一家，医务人员 1 名。村民就医比较方便，但医疗设施陈旧，技术水平有限。

6. 妇女问题

调查过程中，特别关注了妇女问题。农民认为妇女地位较以前有所提高，普遍能够参与家庭重大问题的决策，在一些问题上自己也能做主，大部分妇女都对自己在家庭中的地位感到满意。但由于妇女受教育程度整体较男性低，在社区中的地位不如男性，家务劳动繁重，她们参加社区活动较少。此外，一些妇女思想较传统，认为外面的事应该由男性去做，自己不愿意抛头露面，如村民会议参加者都是以男性为主，只有男性不在家的时候才由妇女参加。虽然很多家庭男性常年外出打工，对家庭农业生产的情况不如女性熟悉，但用水者协会会员以男性为主，协会领导中更没有女性参与。也有一些妇女非常愿意参与社区活动，也有能力参与用水者协会管理等工作，认为能比男性管得更好。

妇女在家庭经济活动中扮演着非常重要的角色，是农业生产的中坚力量，承担了和男性一样的农业劳动，有些家庭中，男性常年外出打工，女性承担了所有的农业生产活动和家务劳动。还有一些女户主家庭，妇女掌握经济权，她们认为女性比男性更节俭，更善于理财，很多男性也比较认同这种看法。

由于妇女劳动强度大，饮食结构单一，营养不良，卫生知识缺乏，致使身体素质不好，贫血、妇科病等病症非常普遍，但很多人认为这些病都很正常，不认为自己患病（不影响劳动），也没有治疗。

7. 水资源利用及管理

据一位老人介绍，早期胜利村饮用水是井水，碱性较大，水质苦。20 世纪 50 ～ 70 年代饮用水是涝坝水，导致疾病很多，如痢疾、肠胃病等传染病。1978 年以后，张掖市水文队打了 100 多米的深井，水质较好，挑水需走 400 ～ 500m。1982 年自来水入户，2004 年“人畜饮水工程”资助，重新铺设 PVC 管道。水费按人收取，每人每年 15 元。村民反映，井的年代久远，供水设施不完善。夏天每天供水 2h，冬天 1h。用水不公平现象较严重，村东农户接近水源，常用来浇菜地、花园，夏天 80% 的村民生活用水没有保障，村西村民吃水困难，每次花费 20 ～ 30min 去村东挑水。有人建议安装水表，但有更多的人认为村民节水意识差，安装水表也不管用，村里领导也不好管，因为会得罪人。对于水质，村民看法不一，有一些人认为水质比较好，大部分村民反映水质不好，希望吃上火车站的自来水，认为其水质肯定比现在好，对身体健康有益。

灌溉用水为黑河干渠河水及当地机井，1 年灌溉 8 次，主要为 3 月到 7 月底，6 ～ 7 月主要用井水灌溉。全村共有毛渠 11 条，长 22km，平渠 3 条，长 2.5km，已衬砌 2.2km，衬砌率 90%。全村有机井 11 口，以社为单位使用。调查过程中，农民提到最多的问题是灌溉用水不足。以前不缺水，现在由于黑河向下游分水，尤其是在夏天最需要灌溉的时间，分水导致严重缺水。水管所的定额配水大约能满足 60% ～ 70%。村民反映，由于地下水位下降，原来打的抗旱井抽不出水，有人提出过重新打井，但村民没有支付能力。此外，由于以前水费收取是每户平均，而不是根据土地面积，有些村民认为不公平，因此不再愿意出钱打井。干支渠属于水管所管理，都已衬砌，毛渠、农渠无人管理，水管所在衬砌渠系方面有投资，但村民不愿出钱出力，因此，对夏季的干旱也没有有效的补救措施。

2004年成立了用水者协会，领导由农户选举产生，由村委会领导兼任，村党支部书记任组长，村委会主任任副组长，5个社长任会长。协会工作主要有制定规章制度并实施、配水、水费收缴、处理纠纷及基础设施维护等。协会制定了一些规章制度，讨论后在各社实行。实行水票制，以社为单位根据农户需求计算水量，收缴水费，然后配水，大概20～25天放一次水，每亩配660 m^3。对于用水者协会，村民认识不一，有些村民说自己没有听说过用水者协会，还有些村民知道用水者协会的主要领导和水利主任，知道协会的主要工作是收水费、安排时间、解决矛盾等，表示每年都要维护渠系，挖深渠系，一户出一个工，大多是妇女参加。据村民介绍，“原来个别人根据自己的时间浇水，不顾配水时间，现在不存在这种现象了，节约了灌溉时间，协会起到了监督钱（水费）和减少水浪费的作用”。所有被调查者都知道“水票制”，村民认为，实行水票制好，先交钱，每5户轮流收钱，统一买水，多退少补，水费透明，节约用水，没有矛盾。但目前水费太高，最低的时候1亩地6元/亩/次，之后越来越高，直到13～15元，理想水费是低于10元。

8. 水资源利用管理评价

（1）水资源利用管理的变化情况。

表8-5表明，2009年渠系长度比2000年增加幅度非常大；水费、农业总产值、渠系衬砌长度、机井数量比2000年显著增加；水费收取率、实际种植面积、单位耕地面积需水量、灌溉面积、用水户数量比2000年相对增加；灌溉一次所用时间、单位耕地供水量和法定耕地面积相对减少。对比分析胜利村用水者协会成立前后，水资源利用和管理指标发生了很大变化。

表8-5　胜利村水资源利用管理基本情况

指标	2000年	2009年	变化率（%）
法定耕地面积（亩）	2150	1780	−17.21
实际种植面积（亩）	2150	2400	11.63
灌溉面积（亩）	2150	2400	11.63
单位耕地供水量（m^3）	600	435	−27.50
单位耕地供水需求量（m^3）	600	700	16.67
渠系长度（km）	0.8	20	2400.00
渠系衬砌长度（km）	0.7	1.55	121.43

续表

指标	2000 年	2009 年	变化率（%）
机井数量	5	10	100.00
农业总产值（万元）	146	330	126.03
用水户数量	208	213	2.40
工作人员数量	6	6	0.00
水费（元）	56.4	130	130.50
水费收取率（%）	60	100	66.67
灌溉一次所用时间（天）	15	3	-80.00

表 8-6 表明，2009 年与 2000 年相比，单位面积基础设施、单位面积用水量和单位面积产出显著增加；水费收缴、种植强度相对增加；灌溉时间、基础设施利用强度相对减少。结果表明，2000 年以来，基础设施建设力度非常大，取得了显著成绩，供水效率及水费收缴效率得到了很大提高，水资源利用效率得到了改善，水资源需求量相对增加，但供给量相对减少，水资源供需矛盾更加突出。

表 8-6　胜利村水资源利用管理绩效指标变化

标准	指标	单位	2000 年	2009 年	变化率（%）
充足性和公平性	相对供应水资源量	m^3/m^3	1.00	0.62	-38.00
利用	种植强度	%	1.00	1.35	34.83
生产力	单位面积产出	元 / 亩	679.07	1375.00	102.48
	单位用水量产出	元 $/m^3$	1.13	3.16	179.73
可持续性	可灌溉土地持续性	亩	2150.00	1491.43	-30.63
	基础设施 / 面积比	km/ 亩	0.0037	0.0083	123.96
		km/ 亩	0.0003	0.0006	98.36
管理效率	灌溉时间	h/ 亩	0.17	0.03	-82.35
财政效率	水费收缴情况	%	60%	100%	66.67

（2）满意度变化。

假设农民对用水者协会活动的满意程度是衡量用水者协会管理绩效的重要标准，这是参与式管理的原则之一，也是其分析的重要内容之一。农民的感知满意度及其协会成立前后对比纪录采用里克特三点量表。满意度测量中，“1”表示不满意，“2”表示部分满意，“3”表示满意。

对比分析胜利用水者协会成立前后，农民对灌溉管理服务的满意度。通过 Kolmogorov-Smirnov 检验显示，2000 年和 2009 年各指标满意度分布相同，如表 8-7 所示。然后，分别对胜利村和西大村 2000 年和 2009 年农民满意度指标进行比较，假设2000年的满意度与2009年相同，用Mann-Whitney U检验，结果表明，在95%的置信水平下，$p<0.05$，因此，拒绝原假设，表明满意度发生了显著变化（表8-7）。

表8-7　胜利村农民对水资源管理满意度对比

	2000均值	2009均值	Kolmogorov-Smirnov test p值	Mann-Whitney U test p值
用水充足程度	2.29	1.26	0.000**	0.000**
灌溉及时程度	2.05	1.39	0.002**	0.000**
基础设施建设和维护	2.00	2.74	0.144	0.006**
灌溉一次耗费时间	2.08	2.58	0.000**	0.000**
用水公平程度	2.05	2.45	0.045*	0.002**
水费高低	2.00	1.29	0.000**	0.000**
财务透明程度	1.89	2.55	0.002**	0.000**
总体满意程度	1.79	1.84	0.984	0.825

** 在0.01水平（双侧）上显著相关；

* 在0 .05水平（双侧）上显著相关

（3）满意度变化及影响因素。

研究表明，农民对水资源管理的满意程度直接体现了用水者协会管理的绩效。但作者在前期调查过程中发现，农民对灌溉管理的满意度受各指标变化的影响大于指标本身的影响。农民对现状的满意度一般是通过和前些年对比产生的，指标变化大小对满意度的影响较大。因此，选择“供水充足程度”、“供水及时程度”、“灌溉所耗费时间”、“基础设施建设维护”、“水费”、“用水公平程度”，以及“财务透明程度”的变化情况作为自变量（表8-8），研究农民对水资源管理的满意度及其影响因素。

表8-8　农民满意度模型因变量与自变量相关系数

	供水量充足程度	供水及时程度	灌溉所耗时间	用水公平程度	供水设施建设和维护	水费	财务透明程度
相关系数	0.705**	0.323**	−0.417**	0.314	0.518**	−0.832**	0.650**

** 在0.01水平（双侧）上显著相关

对所选因变量及各自变量进行相关分析，结果表明供水充足程度、供水及时程度、供水设施建设以及财务透明程度的变化与总体满意度呈显著正相关；灌溉所耗时间和水费的变化与总体满意度呈负相关；用水公平程度与总体满意度没有显著相关性。因此，在建立回归模型时，剔除了自变量用水公平程度，模型估计结果如表8-9和表8-10所示。

表 8-9　农民满意度模型主要统计检验结果

检验项	Chi-squared	Log likelihood function	Significance level	预测样本数量	实际样本数量	Hosmer 和 Lemeshow 检验		
胜利村	49.806	15.922	0.00012	0（34）	0（35）	χ^2	*df*	Sig.
				1（24）	1（23）	1.767	6	0.972

表 8-10　农民满意度模型回归结果

解释变量（Variable）	β	Sig.	exp（β）
常数项	−0.487	0.000**	0.614
供水量充足程度	0.598	0.000**	1.818
供水及时程度	−0.229	0.052*	0.795
灌溉所耗时间	0.161	0.001**	1.175
供水设施建设和维护	−0.507	0.000**	0.602
水费	0.623	0.028**	1.865
财务透明程度	−0.841	0.065*	0.431

* 0.1 显著性水平；
** 0.05 显著性水平

对模型各变量进行最大似然估计，计算结果表明：显示模型的主要检验项：χ^2 值为 49.806，大于临界点 CHINV（0.05，6）=12.591；对数似然函数值为 15.922；显著性水平为 0.00012，远小于模型要轻的显著性值；模型预测因变量样本的分布数量实际调查得出的样本分布数重合率为 96.6%；Hosmer 和 Lemeshow 检验中，χ^2<12.591，Sig >0.05，各项指标都表明模型具有很高的拟合优度，能够进行数量分析和解释研究。

本研究选择的分析模型能够很好地拟合实际样本数据，各影响因素变量与总体满意度具有显著的数量关系。供水及时程度、供水设施建设和维护两个变量均在 0.1 水平上显著，其他变量均在 0.05 水平上显著。各变量的变化能够显著影响农民对用水者协会管理的总体满意度。供水量充足程度的变化每增加一个单位，总体满意度将会提高 1.818 倍；供水及时程度的变化每增加一个单位，总体满意度将会提高 0.759 倍；灌溉耗费时间每减少一个单位，总体满意度就会提高 1.175 倍；供水设施建设和维护每增加一个单位，总体满意度将会提高 0.431 倍；水费每降低一个单位，总体满意度将会提高 1.865 倍；财务透明程度每增加一个单位，总体满意度将会提高 0.602 倍。表明胜利村农民对用水者协会管理的总体满意度受水量充足程度、水费和灌溉所耗时间变化的影响相对较大，供水及时性以及供水设施建设维护次之，财务透明程度相对较小。因此，为了增强用水者对协会的满意度，协会和当地水资源管理部门应优先考虑采取降低灌溉耗时，制定合理的灌溉水费，减轻农民负担，调整供水方案，尽量满足农民的灌溉需求，此外应继续加强灌溉基础设施建设和维护，提高用水效率。

8.3.2 定义问题

采用问题树方法，通过村民的集思广益、头脑风暴，反映出胜利村存在的主要问题及其水资源利用管理情况，通过总结绘制问题树。如图 8-10 所示，胜利村的核心问题是水资源短缺，下半部分是原因，上半部分是结果。

水资源短缺的原因主要有五个方面。

（1）降水少、蒸发大导致气候干旱，植被稀少，土壤沙化严重。

（2）由于黑河分水政策，导致黑河干流可利用水量减少，此外，由于地下水位迅速下降，导致很多井水枯竭。

（3）污染严重，由于农民使用南华镇工业园区内工厂废水灌溉，造成地下水污染及土壤污染。

（4）水资源利用不合理，种植结构比较单一，玉米等高耗水作物面积非常大，此外，灌溉方式粗放，多年来一直采用大水漫灌，没有新的节水措施和设备，部分渠系不好，利用效率低。

（5）管理不到位。生活用水不公平，导致很多居民生活用水困难。灌溉用水管理理念和制度较好，但农户认识程度和参与程度还不够，导致水资源利用效率低。

结果造成生态恶化，农民生活贫困。主要表现在以下几个方面。

（1）由于地表水缺乏，地下水位下降，导致植被减少，土壤沙化，生态环境恶化。

（2）由于水资源短缺，灌溉不足，导致作物减产。

（3）由于土壤污染，盐碱化加重，一方面导致作物减产，另一方面危害农民身体健康，造成劳动力不足。

（4）用水不公平，导致社会不和谐，劳动力需求增加，外出打工机会减少。生态环境恶化，作物减产，打工机会少，最终导致农民收入减少，生活贫困。贫困反过来导致养老困难、教育条件落后、农业投资不足、基础设施维护不到位等问题，造成恶性循环。

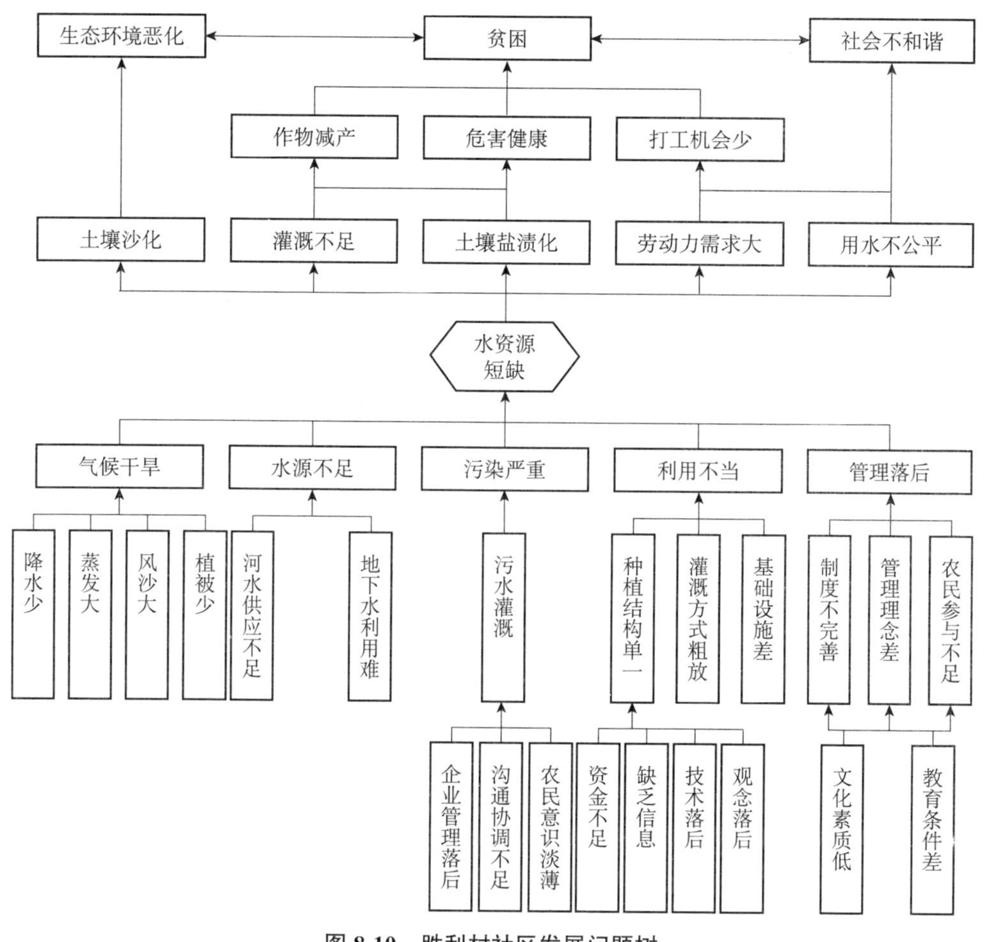

图 8-10　胜利村社区发展问题树

选择 23 位村民，运用打分排序的方法，对胜利村贫富原因、制约胜利村发展的因素、劳动生产率进行排序。

1. 贫富排序

通过排序（表 8-11），排在首位的致富原因是“包工头、做生意”，参与者认为，头脑灵活、门路广、交际广泛、资金充足的人有更好的致富条件。其次为“有技术的、搞运输的”，有一技之长的人出去打工很吃香，工价高，跑运输的效益好，收入高。此外，“吃公家饭”的人收入稳定，生活有保障，也受人尊重。“搞养殖”也是不错的致富选择。参与者将“身体残疾、劳动力少”排在了第一位，其次为“儿女不管老人”，都是由于劳动力不足导致贫困。此外，还有由于教育成本和医疗成本高导致家庭负担过重，沦为贫困户。

表 8-11　胜利村农户贫富分类标准

项目	相对贫困户	中等户	相对富裕户
数量	15	184	12
比例	7.11%	87.20%	5.69%
类型	身体残疾、劳动力少 儿女不管的老人 孩子上高中，大学 患有重病者	耕地较多 劳动力较多 种植一些经济作物 有外出打工的	包工头、做生意 有技术的、搞运输的 吃公家饭的 专业养殖户（牛、羊、猪）

2. 制约胜利村发展的问题排序

选择不同经济条件和不同性别的参与者，对胜利村存在的问题进行分类排序，结果如表 8-12 所示。

表 8-12　制约胜利村发展的问题排序

项目得分排序	按经济条件划分			按性别划分		总分排序
	较富裕户	中等户	较贫困户	男性	女性	
灌溉用水不足	1	1	2	1	3	1
水费高	7	2	1	2	5	3
渠系不好	6	6	9	5	6	6
夏天吃水困难	2	4	3	4	1	2
孩子上学远	3	5	10	7	2	5
道路差	4	11	11	11	4	10
养老困难	11	10	5	8	7	11
土壤盐碱化	5	8	8	9	9	7
没钱打井	10	3	4	10	8	4
文化程度低	8	9	7	6	11	9
打工收入低	9	7	6	3	10	8

“灌溉用水不足”、“水费高”、“夏天饮用水困难”是胜利村面临的最主要的问题，引起了大家的共同关注。较富裕的农户认为孩子上学、村庄道路、土壤及渠系问题、养老问题、没钱打井、打工收入低等问题对他们影响较小。而贫困户的主要问题为没钱打井、养老困难、打工收入低，而村庄道路、孩子上学及渠系等问题次之。可见，较富裕的农户比较关注村庄发展及农户整体情况，重视自身文化素质及孩子教育。相对而言，较贫困农户更加关注家庭收入、重大投资如打井费用、养老问题等。

男性认为灌溉用水不足、水费高、打工收入低是他们的主要困难，导致家庭贫困，生活压力大。而女性则认为夏天吃水困难、需要挑水、家务劳动压力大、学生上学太远、接送困难、男性外出、农业负担重、道路不好、下雨天孩子上学路不好走等问题导致家庭生产生活劳动负担重，对健康有影响，她们更关注生活用水的水质及卫生对家人健康的影响。

3. 作物投入产出效率排序

对农作物投入产出效率进行排序，可以综合直观地反映农业生产劳动效率，如表 8-13 所示。

表 8-13　胜利村作物投入产出效率排序

作物	投资	劳动强度	灌溉次数	收入
玉米	* * *	* * * *	* * * * *	* * * * *
小麦	* *	*	* * *	* * *
孜然	* * *	*	* *	* * * *
棉花	* * *	* * * * *	* * *	* * * *
番茄	* * * * *	* *	* * *	* * *
油料	*	*	*	*
制种	*	*	* * *	* * *
甜菜	*	*	*	*

可以看出，番茄、棉花、孜然等经济作物投资较大，小麦、油料、甜菜等作物投资小，制种一般是承包制，投资较小。棉花和玉米劳动强度较大，其他作物相对较小。灌溉需求最大的作物是玉米，小麦、番茄、棉花和制种次之。收入最高的作物是玉米，其次为孜然和棉花，油料和甜菜等传统作物收入低。

8.3.3　发展目标

通过对胜利村社区发展中的关键问题，得到了问题树。通过对问题树自上而下的分析，确立问题树中存在问题的理想状况或解决之后的状况，作为社区发展目标，明确各目标之间的手段和结果关系，建立目标树（图 8-11）。

根据目标树，制定胜利村社区发展目标，包括长远目标和近期目标。

长远目标：合理利用自然资源，生态环境得到较大改善；农民收入水平提高，贫困人口脱贫致富；农民自我发展能力增强，社区发展和管理能力提高，社会和谐稳定发展。

近期目标：灌溉用水水质达标，合理利用地表水和地下水，限制灌溉面积，调整种植结构，增加节水作物种植面积，保证饮用水的充足和公平利用，邻里关系和睦，减轻妇女负担，提高妇女在社区管理中的地位。

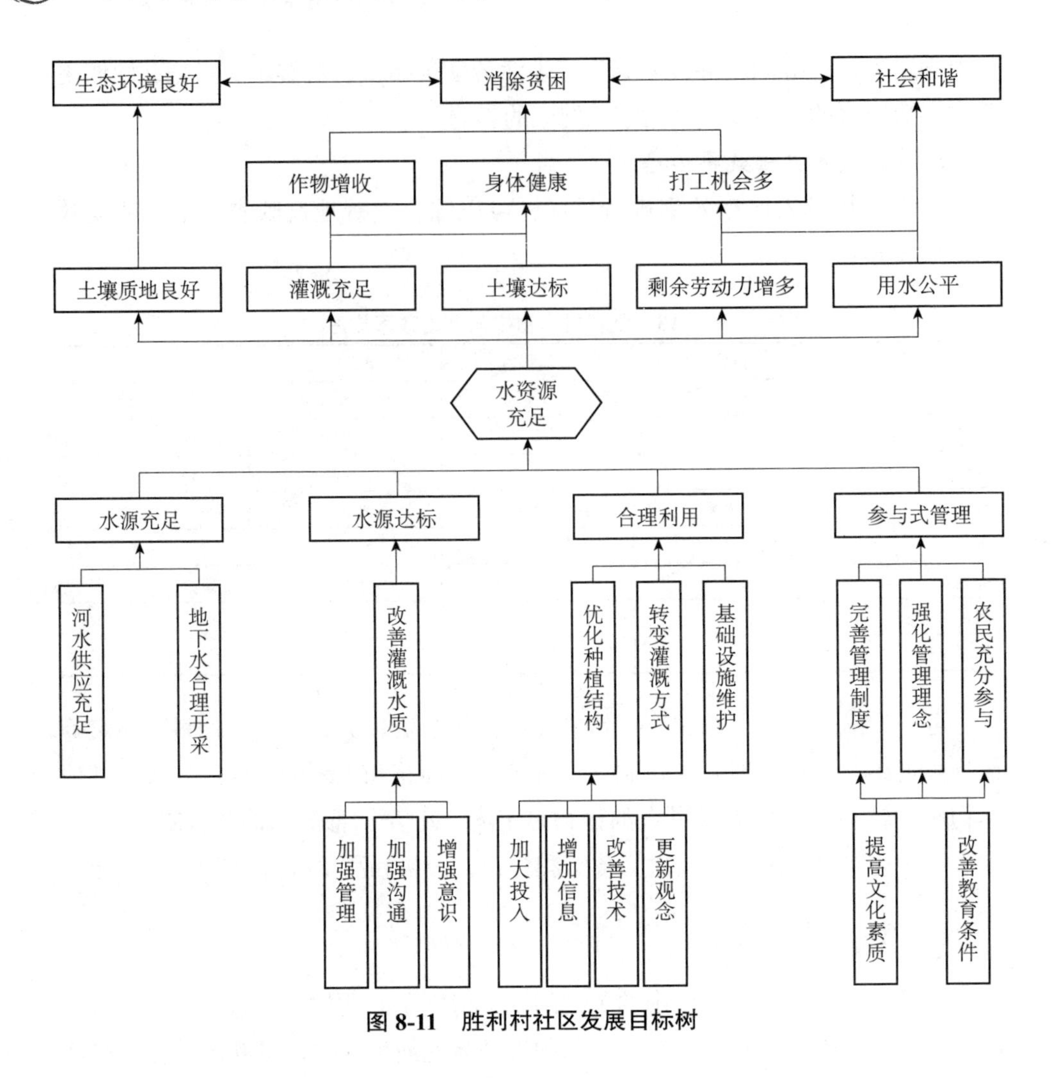

图 8-11　胜利村社区发展目标树

8.3.4　适应性对策和建议

1. 村民建议

（1）生活用水。

村民非常关心生活用水的保障问题，80% 的农户夏天吃水困难，领导怕得罪人，不愿意管。他们建议用水者协会组织统一安装用户水表，按照用水量收取水费，这样源头用户就不会浇地了。延长供水时间，原来每天供 1h，每天得按时去等水，如果农户太忙就有可能耽误。延长供水时间，一是保证和干农活的时间不冲突，二是等源头村民浇完地了其他村民家里就可以接到自来水了，村民表示这是无奈之举，希望源头村民能为大家着想，转变思想意识。村民认为，最好的解决办法是能用上火车站的自来水，供水有保障，水质安全，用水公平，水费合理。

（2）灌溉用水。

村民认为灌溉用水不足导致作物减产，收入减少，是造成生活贫困的最主要原因。他们能理解向下游分水，但希望能协调好时间，避开他们最需要灌溉的时间。此外，由于原来打的井太浅，再加上地下水位下降，无法满足抗旱保障，他们建议打深井，至少在 100m 以上，由政府出钱，农民出工，就能基本满足灌溉用水问题。

（3）水资源管理。

村民对目前灌溉用水管理普遍较满意，认为水费透明，矛盾也少了，不存在个别人拖延的现象，每年组织渠系修缮和挖深工作。村民认为对供水量和供水及时程度不满意，水费有点高，而且听说还要涨价，目前 15 元 / 亩 / 次，他们普遍认为 10 元左右就可以接受。但村民认为这些都是上层的问题，用水者协会领导也没有办法。建议上级部门能综合考虑农民的负担，制定合理的水费，尽可能根据农作物需求调整供水时间，希望在最需要灌溉的时间有水可用。说起农民用水者协会，一些农民表示很陌生，没有听说过，但说起村里灌水的组织和人，大家都非常熟悉，如水利主任、每个社里专门管水的队长，他们负责分水、收水费等。大家也都愿意参与协会管理，认为这是大家的事，也与自己的利益密切相关，只是参与机会很少，他们建议能提供更多的机会，让大家公平参与。

（4）污水排放。

农民用南华镇工业园区污水进行灌溉，造成了土壤污染和一定程度的地下水污染，有些村民的认识还不是太深刻，认为没有造成太大影响，而更多村民认为这几年番茄大面积死亡和水土污染有直接关系，而且，长期如此，肯定会对村民的健康造成危害。他们认为自己没有能力解决这件事，希望南华镇政府及有关环保部门能公正处理这件事，避免类似的事情发生。

（5）经济发展。

村民认为目前主要的收入来源还是农业，近几年由于灌溉用水不足，开始种植一些节水作物，政府也鼓励调整种植结构，但销售没有保障，如孜然的价格不稳定，2010 年收入特别低，风险特别大，没有保障。建议政府能采取措施，鼓励企业与农户合作，如推行“公司 + 农户”模式，签订生产销售合同，降低农民的投资风险。

（6）道路。

村民认为村庄道路状况较差，首先对农业生产造成影响，农作物运输不便；其次，下雨天孩子上学困难。建议政府投资，村民出工，将村内道路铺垫硬化。

（7）教育。

教育是目前村民最关心的问题，他们希望能恢复胜利村小学，减轻小学生的负担，这样就不用接送上学了，妇女负担减轻，有更多时间干农活。

2. 三清灌区水管所建议

（1）深入宣传，广泛动员，全力营造建设节水型社会的社会氛围。灌区结合“世界水日”、“中国水周”、“三下乡活动”等宣传活动，通过印发宣传单、出黑板报、书写固定标语等形式，为节水型社会建设营造良好的氛围。深入村社耐心听取群众对旧的收费机制及用水管理的意见建议，为实施“水票制”供水，为群众参与式管理打下良好基础。

（2）大力调整种植业结构，缓解水资源供需矛盾。认真贯彻落实县委、县政府提出的“三禁、三压、三扩”的政策，加强科学种田，建立节水型农业。积极引导群众加大种植业结构调整，减少高耗水作物的种植，扩大棉花、制种、番茄、孜然等节水耐旱作物面积，同时大力推广地膜覆盖、秸秆覆盖、沟畦灌、大改小、保水剂、定额灌溉等节水灌溉技术，最大限度地减少用水量。

（3）相互协调，加强水资源统一管理。专业管理与农民用水者协会参与式管理相结合，用水总量控制指标和定额管理相结合的节约用水管理运行机制，将用水总量逐层分解到支、斗渠及村社用水户，以户核发水权指标。以农户申请面积和预测干渠水量分轮次制定配水计划。按斗渠以下的工程由农民用水者协会管理的机制，明确责任，加强管理。同时加强地下水的监管监测，严格控制地下水开采量，建立健全相关的管理制度和办法。

（4）建立和完善水资源计量和监测系统。干渠、支渠水量采用先进的流速仪测流，以渠系管理段为观测组，按灌区统一的配水计划进行当日的水量观测预报。斗渠以下水量准确测划水尺，精确换算水位流量关系曲线，尽量减少计量失误，使群众满意，让群众用上放心水，交上明白费，积极配合购买水票。在地下水的管理上，有条件的村社逐步安装计量水表，无条件安装的采用水泵额定水量或水泵口径与电量额定测算水量方法，加强了地表水和地下水的监测与控制，保证水资源有偿使用。

（5）规范农民用水者协会运行机制，充分发挥用水者协会作用。为了使

“水票制”得以顺利实施，修改完善协会章程和各项管理制度，让农民用水者协会在实施“水票制”供水及参与式管理的过程中发挥其应有的作用。斗渠、农渠及机井等小型水利工程，由农民用水协会管理、维护的部分，应做到产权明晰，责权明确，充分体现“谁受益、谁管理、谁维护”的原则。为了使用水户用上称心满意的放心水，测水人员必须做到每轮水都深入到田间地头进行实地观测，做到公开、公正、透明；实行卖票、测流、供水管理三分离的管理机制，在灌水过程中，先由用水户根据配水计划以社为单位提前预购水票，管理人员根据水票为依据制订供水计划，再有测流组检票测流，按流量大小确定时间，供水完成后水票由管理站会计统一回收，水费与水票同时上交入库，做到水过账清，公开透明。

3. 参与式专家建议

（1）关于生活用水。

生活用水是胜利村的燃眉之急，是近期亟待解决的问题之一。建议村社领导及用水者协会领导对源头农户做好工作，争取转变他们的观念，从大局出发，改变以往的自私行为。管理人员尽量延长供水时间，尽可能保证更多的农户能接到水。由村民讨论方案，村领导尽快和自来水公司协调，在胜利村通上自来水，保证村民用水安全，节约取水时间，为妇女减轻负担，促进村社邻里关系和谐。

（2）优化配水方案，调整供水时间。

由所有用水户参与讨论，根据种植结构和作物灌溉需求，计算各种作物的生产效益，确定最佳供水时间和供水量。由用水者协会向所在水管所申请调整用水时间，使有限的地表水得到最合理利用，产生最佳效益。

（3）转变观念，合理开采地下水，保证生态用水。

由于村民反映近年来胜利村地下水位严重下降，村民建议继续打井，而且要加大打井深度，但这样会造成恶性循环，对水资源可持续利用和生态环境的健康都非常不利。因此，建议首先要提高村民对这一恶性循环的认识，转变观念，不能为了经济利益不顾后果。此外，在上级水管部门的科学研究下，制定合理的地下水开采制度，在运行开采范围内适量开采，在种植结构调整、地表水充分利用等措施的基础之上，将地下水作为抗旱补充之用。

（4）多方面解决污染问题。

工业园区应从当地环境大局考虑，提高企业进驻门槛，增强企业技术水平和管理水平，提高污水排放标准。农民应提高自身意识，监督污水排放情况，向上级环保和水管部门反映真实情况，避免利用污水灌溉，造成作物减产、土壤污染以及对地下水的污染，对于污水造成的经济损失应该申请赔偿，维护自己的利益。乡镇政府及环保部门应考虑多方利益，协调农民和企业的关系，寻找一个平衡点。

（5）严禁开荒，限制灌溉面积。

近年来，由于灌溉不足，产量下降，农民通过开荒来增加耕地面积，弥补灌溉不足导致的损失，因此，胜利村荒地面积迅速增加。大面积开荒一方面导致有限的灌溉用水更加紧张，大面积良田作物减产；另一方面，由于荒地土壤贫瘠，不能长时间耕种，弃耕之后导致土壤沙化加速，生态破坏。建议村委会配合乡镇土地管理部门严格限制荒地开发，制止恶性循环，首先保证法定面积和良田的灌溉用水，产生最大效益。

（6）改变种植结构，加大节水作物比例。

目前可利用的水资源非常有限，应大力调整种植结构，压缩玉米等高耗水作物种植面积，逐步发展低耗水、高效益的作物，调整夏秋作物种植比例，切实解决 5 ～ 6 月份作物苗灌期间“卡脖子”旱的问题，从根本上减低水资源需求。

（7）完善农民用水者协会制度，强化协会职能。

在实践中修改完善用水者协会运行和管理制度章程，确保农民公平、充分、积极地参与协会制度建设、运行管理及监测评估的整个过程，重视特殊群体的公平参与，如妇女、老弱病残家庭、贫困户的参与。继续保持协会在基础设施建设、水费收缴及纠纷解决中的良好绩效。建立透明公平的财务制度和绩效评估制度，增强农民对协会管理的满意程度及参与管理的信心。积极开展用水者协会相关制度的宣传，以及节约用水、提高灌溉效率等方面的培训活动，提高农民对用水者协会组织的认识，增加农民对水资源管理服务的满意程度，增强农民节约水资源和参与水资源管理的意识，充分发挥用水者协会的作用。

（8）促进经济多元化发展。

实现收入多样化，种植和养殖业相结合，农业与劳务输出相结合。在农业生产中，实现种植结构多元化，降低水资源需求，增强对抗旱灾的能力。充分发挥社区组织和社区精英的作用，扩大农产品市场，采取“供水 + 农户”的模式，引进公司带动贫困农户，保障农户的种植收入，降低投资风险。争取政府支持，在贷款申请、审批、发放、管理等方面给予大力支持。

（9）改善教育条件。

正如村民分析，胜利村村民的受教育程度普遍较低，以小学和初中为主。目前基本能保证孩子上完初中，高中和大学教育费用负担重，有些家庭无法承担。因此，希望国家和政府能够增加农村教育投资，减轻农民负担，为农村学生提供公平的教育资源和受教育机会。此外，村民反映由于学校合并，中小学生上学路程远，希望能恢复胜利村小学。因为涉及国家政策和教育成本等很多问题，这个建议不太现实，但可以通过其他途径解决，如学校或村委会建立统一接送制度，或者有类似公交车之类的交通工具，既能保证孩子的安全，又能节省家庭妇女的负担，使其有更多时间投入生产。

（10）改善交通状况。

近年来，国家对基础设施的投资力度非常大，村社领导应广泛收集村民意见，讨论方案，积极争取交通建设项目，获取资金，对村内道路进行铺垫硬化。

（11）关注妇女发展。

由于大部分男性外出务工，胜利村妇女承担了家庭中几乎所有的农业生产、家务劳动、家庭教育等活动，劳动负担非常重。建议政府加强对她们的生存状况、生活质量和自身发展的关注和支持。各种新技术、新政策、新知识的推广、宣传和普及能够惠及农村妇女。用水者协会管理中应重视妇女在资源环境保护中的经验、知识，在政策制定、管理实施和监测评估过程中，应鼓励妇女全程参与，保证妇女参与的权利，尊重妇女的决策权和选择权。

（12）加大对贫困户的扶持。

胜利村主要的贫困原因是缺乏劳动力和资金。建议加大对贫困户的扶持力度，对于身体残疾及孤寡老人等劳动力缺乏的家庭给予资金扶持，如通过国家扶贫资金和最低生活保障等渠道获取资金，在社区公共活动中给予照顾，如减轻出工出钱等任务，灌溉用水中给予更多倾斜，尽量满足他们的作物生长，保证基本生活需求。对于因学、因病返贫的家庭，应给予技术、贷款等扶持，帮助他们渡过难关。

8.4 红崖子灌区西大村参与式水资源管理研究

8.4.1 基本情况

1. 位置及自然概况

西大村位于甘肃省高台县西南部新坝乡境内，距新坝乡政府12km，距县城 80km，介于 107° 48′ 20″ E ～ 107° 53′ 30″ E，36° 15′ 29″ N ～ 6° 17′ 44″ N 之间，属河西走廊黑河支流摆浪河水系，位于祁连山北麓冲积扇，平均海拔 2338 m，故称“白石头滩”，耕地为沙土塬，土层薄，土质松，肥力较好，土地面积广。土地利用结构如图 8-12 所示。

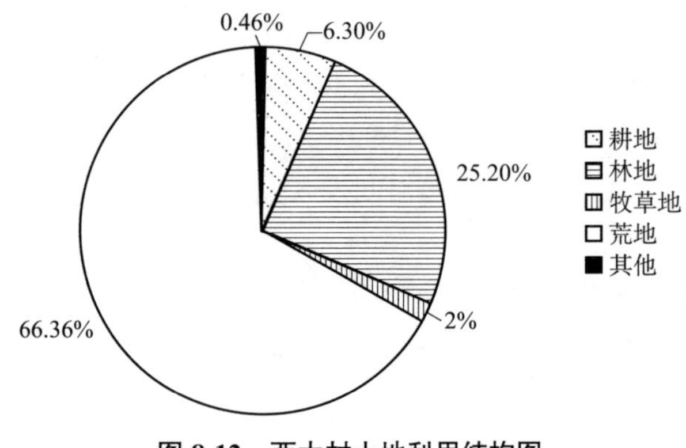

图 8-12　西大村土地利用结构图

2. 社会经济概况

西大村辖 7 个社（自然村），截至 2009 年底，共有农户 86 户，人口 306 人，其中男性 158 人，女性 148 人。党员 26 人，其中女性 6 人。2009 年劳务输出 16 人，其中女性 5 人。20 世纪 80 年代人口 780 人，由于水资源缺乏，大部分人口迁移至新疆及本县骆驼城等地。村民对社区的认识如图 8-13 所示。

村民文化程度分布如图 8-14 所示，可以看出，村民文化程度以小学为主，小学及以下占 70.16%，初中及以上人口以在校学生为主，农民科学文化素质普遍较低。

村民年龄分布如图 8-15 所示，可以看出，西大村 25 ～ 59 岁人口占 79.67%，14 岁以下和 60 岁以上人口占 13.12%，人口负担较重。

通过社区踏查、半结构访谈及社区资源图，了解到西大村的基础设施情况。西大村道路长 6.4km，宽 3m，为砂石路，是群众自发铺垫的，每年进行修缮。西大村有卫生所一家，乡村医生一名。村民反映，孩子上学是一个大问题。村里原有小学一所，现在村里的孩子少了，学校已经撤了，被合并到新坝乡中心小学，学生在乡里住校，学前班学生也得住校，家长在学校周围租房照顾学生，“孩子带奶奶去上学”的现象非常普遍。

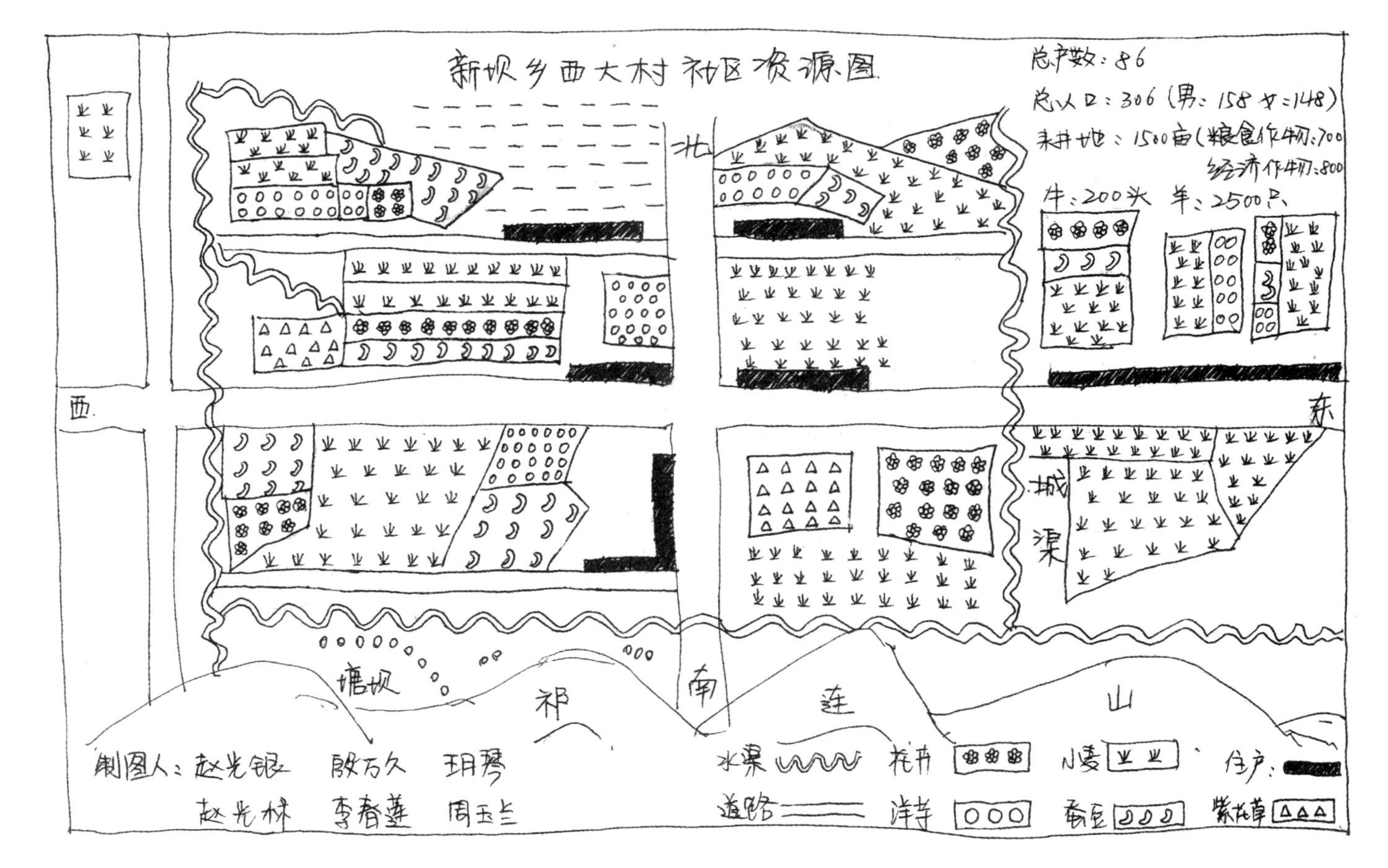

图 8-13 西大村村民手绘社区资源图

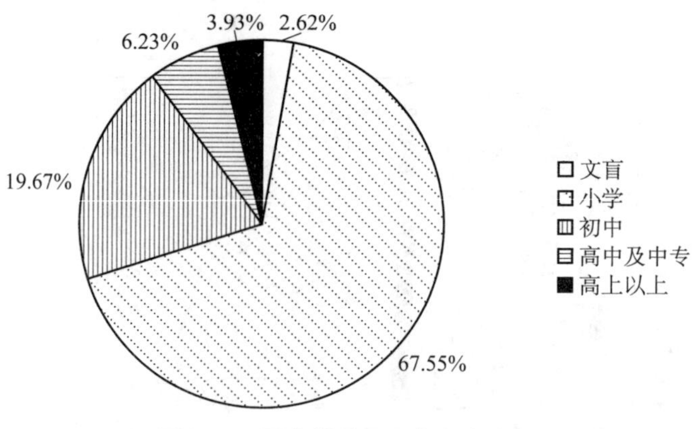

图 8-14　西大村村民文化程度分布

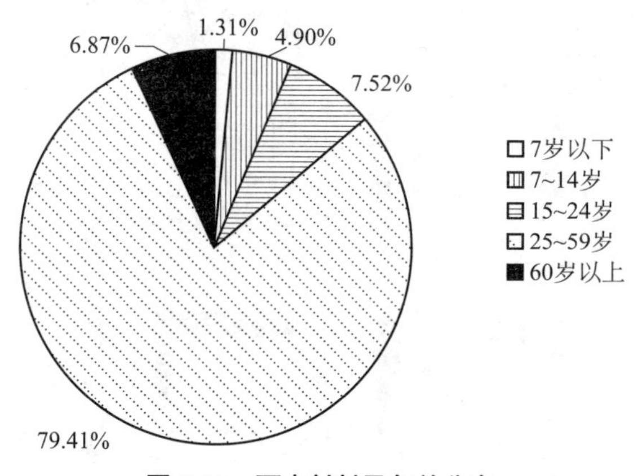

图 8-15　西大村村民年龄分布

西大村地处偏远，信息获取主要靠电视、广播、政府宣传培训及网络等，信息来源如图 8-16 所示。

3. 经济状况

西大村农户主要收入来源为种植业、养殖业及打工收入。调查结果表明，2009 年农民人均纯收入为 4901.40 元，为新坝乡（4492 元）的 1.09 倍，高台县（5023 元）的 97.58%。人均农业收入约 4271.93 元，养殖业收入 894.74 元，打工收入 719.30 元，其他收入分别占总收入的 66.76%、18.26%、10.60%、4.39%，如图 8-17 所示。可见，西大村农民的主要收入来源为农业收入。

西大村位于祁连山脚下，天然牧草丰富，养殖业是农民的第二大收入来源，主要以家庭养殖为主，有肉牛和高山细毛羊。2009 年全村养殖牛 160 头，羊 2500 只。牛冬天圈养，夏天放养，羊四季放养，有专门负责放养的人员，

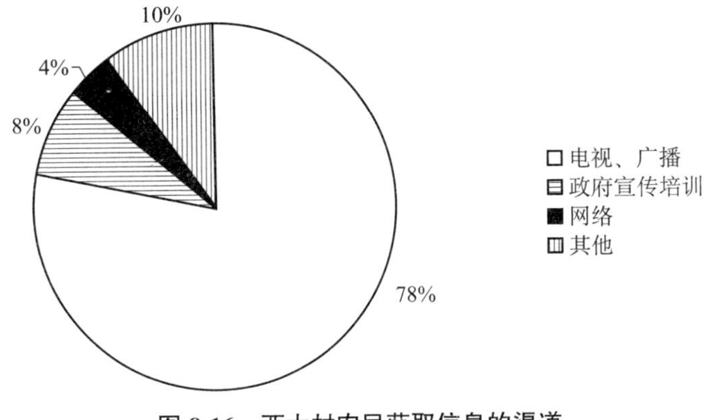

图 8-16　西大村农民获取信息的渠道

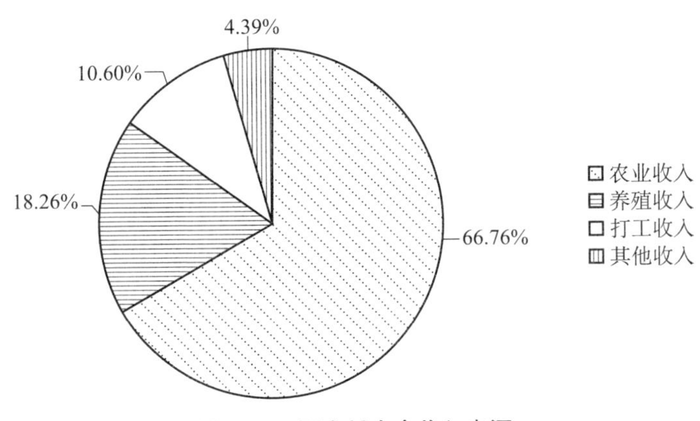

图 8-17　西大村农户收入来源

每只羊每天收取 0.1 元管理费，放养人员每天将全村羊群统一放养和管理。牛主要用来耕地，此外，一只牛犊可卖 2000 ～ 3000 元。牛肉、羊毛、羊肉等是主要的养殖产品。

打工收入是西大村农民的收入来源之一，2009 年劳务输出 16 人，占总人口 5.2%。基本上都是青壮年劳动力，因家庭人口较多，劳动力充足，能够胜任家庭农业生产和家务劳动。此外，因为他们文化程度相对较高或者掌握一定技术，能获得相对较高的报酬。同时几乎所有的成年男性都在农闲季节在附近打短工，普遍从事建筑业，小部分人做生意。村民认为外出打工能与外界交流，增长见识，获取更多的信息，为这个偏远的小山村带来新鲜事物。

村民主要支出为农资支出、教育支出、医疗支出、日常支出，分别占总支出的 25.22%、15.12%、7.26%、52.40%（图 8-18）。其中灌溉水费支出占农资支出的 21.47%，占总支出的 5.14%，村民普遍认为水费太高。

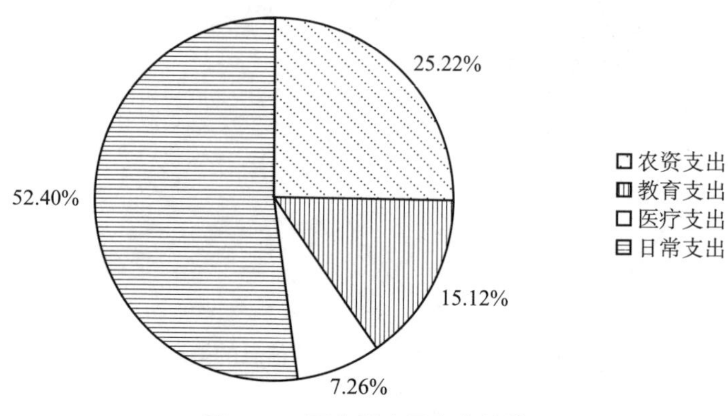

图 8-18　西大村农民支出结构

4. 农业生产

西大村现有耕地面积约 1500 余亩，20 世纪 80 年代，全村人口 800 多人，耕地 3000 亩，采用轮耕种植方式，现在由于大部分人口迁移至新疆及本县骆驼城等地，人口数量大幅减少，离村庄较远的地都被撂荒。村民反映，如果有水的话这些地都可以种植，耕地面积可超过 3000 亩。该村种植主要以小麦、蚕豆、啤酒大麦、紫花草为主，其余为马铃薯、花卉和制种蔬菜，其中小麦主要用于自给，其他作物全部出售（蚕豆、小麦、啤酒大麦、紫花草各占 20 %，制种花卉和蔬菜占 12 %，马铃薯占 8%）。种植情况及种植结构如图 8-19 所示。

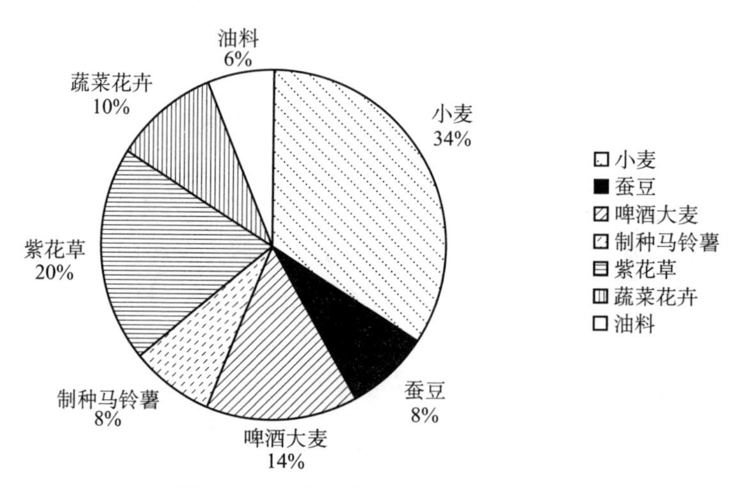

图 8-19　西大村主要作物及种植结构

村民反映，2009 年旱情较严重，从 6 月份开始，前两轮水费紧张，属典型的“卡脖子”旱，对小麦、花卉等种植较早的作物影响最大。紫花草、土豆等作物由于种植较晚，且 7 月份开始降水增多，因此影响不大。

村民小组会议中引导农民绘制了农时季节历（图 8-20），劳动强度图（图 8-21）和一日活动（表 8-14）。

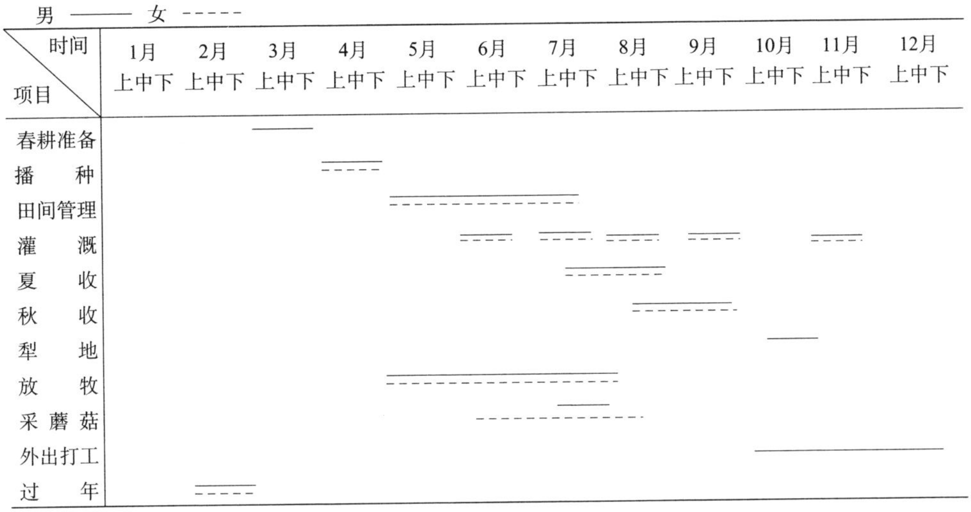

男 ——— 女 - - - - -

时间 / 项目
1月 上中下 2月 上中下 3月 上中下 4月 上中下 5月 上中下 6月 上中下 7月 上中下 8月 上中下 9月 上中下 10月 上中下 11月 上中下 12月 上中下

春耕准备
播　　种
田间管理
灌　　溉
夏　　收
秋　　收
犁　　地
放　　牧
采 蘑 菇
外出打工
过　　年

图 8-20　西大村农时季节历

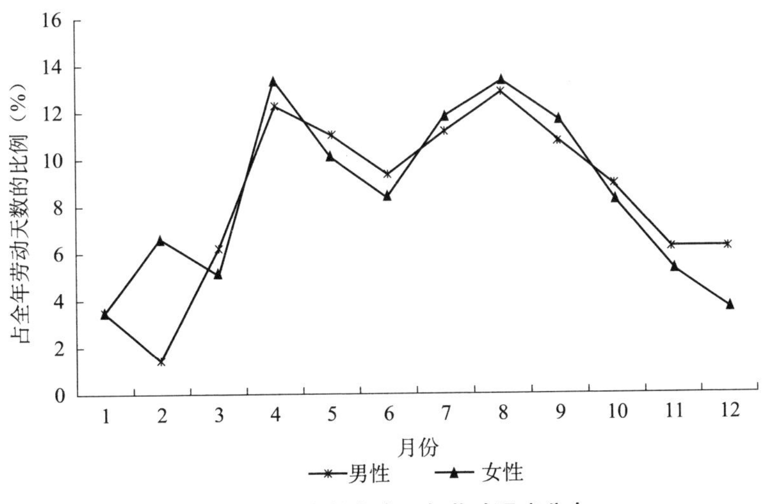

图 8-21　西大村农户一年劳动强度分布

表 8-14　西大村农户时间安排

最忙的一天（农历 6 月）			最闲的一天（农历 12 月）		
时间	男	女	时间	男	女
5：30	起床喂牛	做早餐、打扫	8：30	起床，喂牲口	起床做家务，做饭
6：00	下地干活	下地干活	9：00	看电视、打牌、串门	针线活
11：30		回家做饭、喂牲口、做家务	11：30		做饭
12：00	回家吃饭		12：00	午饭、喂牲口	午饭、家务活
14：00	下地干活	下地干活	14：00	看电视、打牌、串门	针线活
21：00	回家喂牲口	回家做饭	18：00	喂牲口	做饭、家务活
22：00	休息	休息	19：00	看电视	看电视
—	—	—	23：00	休息	休息

可以看出，4 月份为播种期，8 ～ 9 月份为收获季节，所以农民劳动强度非常大，男性和女性共同参与劳动。5 ～ 7 月份男性和女性共同参与田间管理以及灌溉，劳动强度相对较小，此外，还进行野外放牧，女性以采集山蘑菇作为副业收入。其他月份劳动强度较小。

5. 水资源利用及管理

西大村居民生活用水来源为祁连山冰山融水，水量较充足，以水窖形式储存。水窖始建于 20 世纪 90 年代，大窖约 4 ～ 5m，每年 7 ～ 10 月注水。据村民反映，该水水质较硬，所含矿物质较多，但比以前的生活用水好多了，已经吃习惯了，但还是感觉井水更好更干净。

西大村位于黑河支流水关河上游，水源较丰富，但是水关水库调控能力差，水渗漏严重。访谈过程中，农民反映水库漏水可能与库下的地质有关，十几年前修过，但修复不彻底，经费有限，上级部门批复较难，希望以后能不断争取，得到政府的经费支持。一般 6 月开始前两次灌溉，用水较紧张，到 6 月下旬 7 月初就能缓解，一般作物 10 天浇一次水。目前种植的制种花卉和小麦耗水较多，紫花草节水能力好。

2004 年成立了用水者协会，领导由村委会领导兼任，村党支部书记任组长，村委会主任任副组长，5 个社长任会长。主要负责召集群众进行基础设施维护，水费按土地数量由水管所统一收取。据农民反映，用水者协会“有名无实，发挥不了作用”。全村共有斗渠 1.7km，斗渠、农渠、毛渠合计 38km，其中，衬砌 7km，约占渠系总长的 18%。在 2002 ～ 2005 年，国家投资修渠，国家投资为 7 万元 /km，农户出工，群众积极性非常高。现已衬砌 1km，花费大概为 10 万元，资金仍显不足，希望国家能够继续给予经费支持，完成全部渠系衬砌。而水库渗漏，蓄水能力有限，直接影响农业生产，但目前还没有有效措施来解决。

6. 水资源利用及管理评价

（1）水资源利用管理的变化情况。

对比分析西大村2000年和2009年水资源利用和管理指标发生了很大变化，表8-15表明，2009年渠系衬砌长度比2000年大幅度增加；农业总产值、水费、单位耕地供水量比2000年显著增加；实际种植面积、灌溉面积、灌溉一次所用时间、用水户数量以及工作人员数量比2000年呈减少趋势；水费收取率、单位耕地需水量没有发生显著变化。

表8-15　西大村水资源利用管理基本情况

指标	单位	2000年	2009年	变化率（%）
法定耕地面积	亩	1169	1169	0.00
实际种植面积	亩	2000	1500	−25.00
灌溉面积	亩	2000	1500	−25.00
单位耕地供水量	m^3	500	600	20.00
单位耕地需求量	m^3	800	800	0.00
渠系长度	m	21 000	21 000	0.00
渠系衬砌长度	m	1800	5900	227.78
机井数量	—	—	—	—
农业总产值	万元	160	270	68.75
用水户数量	人	96	85	−11.46
工作人员数量	人	9	8	−11.11
水费	元	32	45	40.63
水费收取率	%	100	100	0.00
灌溉一次所用时间	天	10	8	−20.00

表8-16　西大村水资源利用管理指标变化

标准	指标	单位	2000年	2009年	变化率（%）
充足性和公平性	相对供应水资源量	m^3/m^3	0.63	0.75	19.05
利用	种植强度	%	1.71	1.28	−24.96
生产力	单位面积产出	元/亩	800.00	1800.00	125.00
	单位用水量产出	元/m^3	1.60	3.00	87.50
可持续性	可灌溉土地持续性	亩	1250.00	1125.00	−10.00
	基础设施/面积比	km/亩	0.0105	0.0140	33.33
		km/亩	0.0009	0.0039	337.03
管理效率	灌溉时间	h/亩	0.12	0.10	−96.67
财政效率	水费收缴情况	%	100%	100%	0

表 8-16 表明，2009 年与 2000 年相比，单位面积基础设施、单位面积用水量和单位面积产出显著增加；相对供应水资源量增加；灌溉时间、种植强度、可持续性灌溉面积相对减少。

2000 年以来，基础设施建设力度非常大，取得了显著成绩，水资源供给量、供水效率以及水资源利用效率得到了改善，水资源需求量没有发生太大变化，水费收缴效率保持着原来的较高水平。由于大量人口迁移，用水户数量减少，相对缓解了用水矛盾，但水资源供应仍不能满足需求，供需矛盾依然突出。

（2）满意度变化。

对比分析西大村用水者协会成立前后农民对灌溉管理服务的满意度，制成表 8-17。通过 Kolmogorov-Smirnov 检验，表明 2000 年和 2009 年各指标满意度分布相同，如表所示。然后对 2000 年和 2009 年农民满意度指标进行比较，假设 2000 年的满意度与 2009 年相同，用 Mann-Whitney U 检验，结果表明，在 95% 的置信水平下，$p<0.05$，因此，拒绝原假设，表明满意度发生了显著变化。如表 8-17 所示。

表 8-17　西大村农民对水资源管理满意度对比

	2000 年均值	2009 年均值	Kolmogorov-Smirnov test p 值	Mann-Whitney U test p 值
用水充足程度	2.50	1.54	0.675	0.034
灌溉及时程度	2.29	2.00	0.001	0.000**
基础设施建设和维护	2.29	2.42	0.675	0.097
灌溉一次耗费时间	1.96	2.25	0.675	0.122
用水公平程度	2.25	1.79	0.992	0.415
水费高低	2.21	1.79	0.992	0.415
财务透明程度	2.23	2.42	0.441	0.027

** 在 0.01 水平（双侧）上显著相关

（3）满意度变化及影响因素。

选择“供水充足程度”、“供水及时程度”、“灌溉所耗费时间”、“基础设施建设维护”、“水费”、“用水公平程度”以及“财务透明程度”的变化情况作为自变量（表 8-17），研究农民对水资源管理的满意度及其影响因素。对所选因变量及各自变量进行相关分析（表 8-18），结果表明供水充足程度、供水及时程度、用水公平程度、供水设施建设和维护的变化与总体满意度成显著正相关；水费的变化与总体满意度成负相关；灌溉所耗时间和财务透明程度与总体满意度没有显著相关性。

表 8-18　西大村农民满意度模型因变量与自变量相关系数

	供水量充足程度	供水及时程度	灌溉所耗时间	用水公平程度	供水设施建设和维护	水费	财务透明程度
相关系数	0.421**	0.504**	−0.294	0.477**	0.553**	−0.585**	0.147

** 在 0.01 水平（双侧）上显著相关

因此，在建立回归模型时，剔除了自变量灌溉所耗时间和财务透明程度，模型估计结果如表 8-19 和表 8-20 所示。

表 8-19　西大村农民满意度模型主要统计检验结果

检验项	Chi-squared	Log likelihood function	Signifi-cance level	预测样本数量	实际样本数量	Hosmer 和 Lemeshow 检验		
						χ^2	*df*	Sig.
西大村	26.187	16.137	0.00043	0（13）	0（13）	3.470	5	0.786
				1（24）	1（24）			

对模型各变量进行最大似然估计，计算结果表明：显示模型的主要检验项：χ^2 值为 26.187，大于临界点 CHINV（0.05，5）=11.070；对数似然函数值为 16.137；显著性水平为 0.000 43，远小于模型的显著性值；模型预测因变量样本的分布数量实际调查得出的样本分布数重合率为 100%；Hosmer 和 Lemeshow 检验中，χ^2<11.070，Sig >0.05，各项指标都表明模型具有很高的拟合优度，能够进行数量分析和解释研究。

表 8-20　西大村农民满意度模型回归结果

解释变量（Variable）	β	Sig.	exp（β）
常数项	−3.319	0.006*	0.036
供水量充足程度	0.057	0.000*	1.059
供水及时程度	−0.827	0.001*	0.437
灌溉所耗时间	−1.396	0.003*	0.248
供水设施建设和维护	−1.012	0.001*	0.363
水费	0.252	0.000*	1.287

* 0.05 显著性水平

表 8-20 表明，本文选择的分析模型能够很好地拟合实际样本数据，各影响因素变量与总体满意度具有显著的相关关系，所有变量均在 0.05 水平上显著。各变量的变化能够显著影响农民对用水者协会管理的总体满意度。供水量充足

程度每增加一个单位，总体满意度将会提高 1.059 倍；供水及时程度每增加一个单位，总体满意度将会提高 0.437 倍；灌溉耗费时间每减少一个单位，总体满意度就会提高 0.248 倍；供水设施建设和维护每增加一个单位，总体满意度将会提高 0.363 倍；水费每降低一个单位，总体满意度将会提高 1.287 倍。表明西大村农民对用水者协会管理的总体满意度受水费和供水量充足程度变化的影响相对较大，受供水及时程度、供水设施建设维护以及灌溉所耗时间变化的影响相对较小。因此，为了增强农民对协会的满意度，西大村用水者协会应积极采用有效措施，重点解决供水源头问题，满足农民的灌溉需求，限制水费不合理的增长。

8.4.2 定义问题

采用问题树方法，通过当地村民的集思广益、头脑风暴，反映出西大村存在的主要问题。如图 8-22 所示，问题树下半部分是原因，上半部分是结果。

水资源短缺是西大村的核心问题，其原因主要有三个方面。

（1）水源不足。水源降水量季节分配不均，播种时期降水稀少，“卡脖子”旱非常严重；此外由于水库渗漏，蓄水能力差，无法满足农业生产需要，属典型的工程性缺水。

（2）利用不当。由于资金不足、技术落后、观念落后，导致农业种植结构单一，灌溉方式粗放，基础设施差，从而使水资源利用效率低，由于受到水资源的限制，村民近年来才开始种植一些低耗水的作物，如紫花草等。

（3）管理落后。水资源管理制度不完善，用水者协会形同虚设，没有发挥应有的作用，农民参与管理的积极性不高，意识淡薄，对于水资源利用中存在的问题和困难，没有采取积极行动。产生以上问题的根源是由于西大村位置偏远，交通不便，信息获取渠道少。同时由于教育条件差，农民文化素质低，思想观念落后。

结果造成生态恶化，农民生活贫困。主要表现在以下几个方面。

（1）由于生态用水不足，导致当地草地退化，植被减少，土壤沙化，引起生态破坏，从而降低了载畜能力，使养殖业收入减少。

（2）以水窖储存降水作为生活用水，水质硬、质量差，危害身体健康，导致村民打工机会减少，打工收入降低，同时减少了养殖业收入。

（3）生产用水不足。由于灌溉不足，导致作物减产，农业收入受到影响。

生态环境恶化，农业收入、养殖业收入、打工收入都受到了影响，最终使农民收入减少，导致贫困。贫困反过来导致养老困难、教育条件落后、农业投资不足、基础设施维护不到位等问题，最终造成恶性循环。

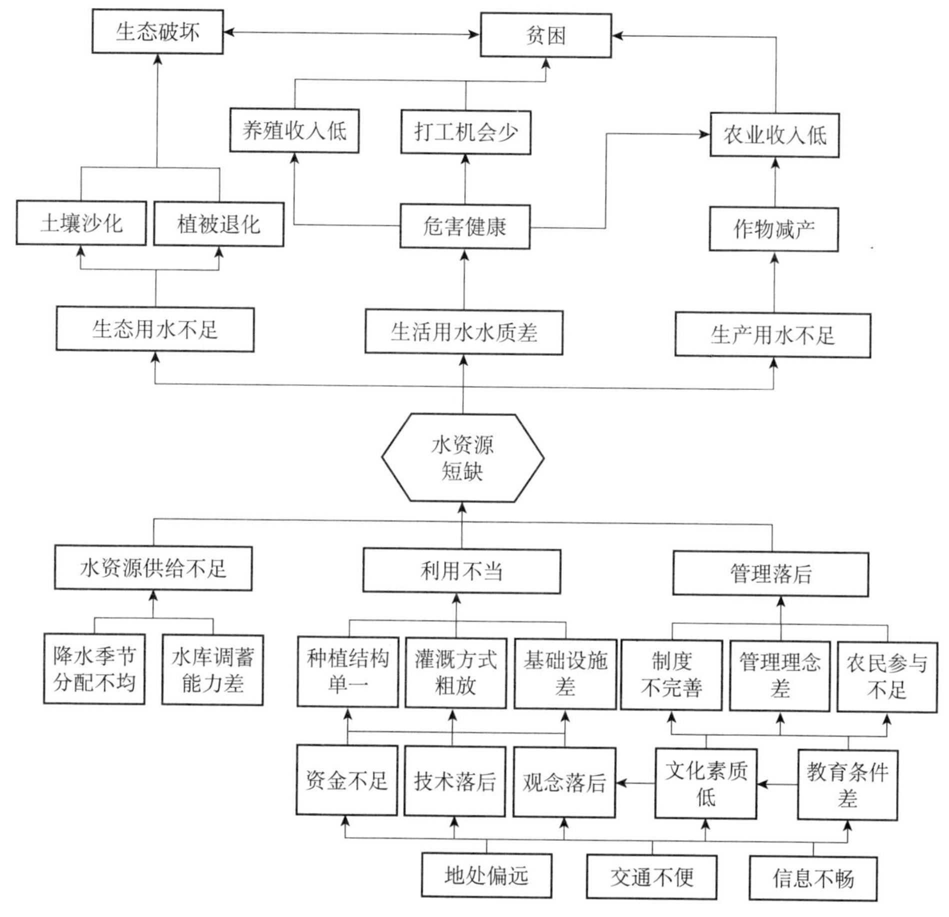

图 8-22　西大社区发展问题树

运用打分排序的方法，对西大村存在的问题进行分类排序，得出西大村不同利益相关团体存在的问题。根据农民对贫困和富裕的认识，首先分别按照贫富程度和性别对农户进行分组（表 8-21）然后根据各组对问题的投票计算平均分值，进行排序，结果如表 8-22 所示。

表 8-21　西大村农户贫富分类标准

项目	相对贫困户	中等户	相对富裕户
数量	6	68	10

续表

项目	相对贫困户	中等户	相对富裕户
比例	7.14%	80.95%	11.90%
类型	身体残疾 因学返贫 智力低下 耕地少	耕地较多 劳动力较多 种植经济作物的 种植和养殖齐发展的 有外出打工的	做生意的 有一技之长的

表 8-22　西大村问题排序

项目得分排序	按经济条件划分			按性别划分		总分排序
	较富裕户	中等户	较贫困户	男性	女性	
干旱缺水	3	1	1	1	1	1
水库渗漏	1	2	4	2	3	2
渠系不好	2	3	2	3	5	3
种植结构单一	10	11	3	6	11	4
交通不便	7	6	10	8	7	7
信息不畅	9	8	11	9	8	9
技术落后	8	10	7	5	10	11
道路差	4	5	9	11	6	5
孩子上学困难	6	4	6	10	5	8
文化程度低	11	9	5	4	9	10
饮用水水质硬	5	7	8	7	2	6

干旱缺水、水库渗漏、渠系不好、饮用水水质差是西大村面临的最主要的问题，引起了大家的共同关注。较富裕的农户认为文化程度低、种植结构单一、信息不畅、技术落后对他们影响较小，而孩子上学、村庄道路相对重要。贫困户相对来说更加关注种植结构、交通状况以及文化程度。男性认为灌溉用水不足、文化程度低、技术落后、信息不畅是他们面临的主要困难，导致其家庭贫困，生活压力大。而女性则认为饮用水水质差，危害家人健康；学生上学太远，接送困难；男性外出，农业负担重；道路不好，下雨天孩子上学路不好走等这些问题导致其家庭生产生活劳动负担重，对健康有影响。她们更关注生活用水水质及卫生对家人健康的影响。

8.4.3　发展目标

通过识别西大村社区发展中的关键问题，得到了问题树。通过对问题树自上而下的分析，确立问题树中问题的理想状况或农民期望的状况，作为社区发展目标，明确各目标之间的手段和结果关系，建立目标树（图 8-23）。

根据目标树，制订西大村社区发展目标，包括长远目标和近期目标。

长远目标：合理利用自然资源，生态环境得到较大改善；农民收入水平提高，贫困人口脱贫致富；农民自我发展能力增强，社区发展和管理能力提高，社会和谐稳定发展。

近期目标：水库修缮、增加蓄水量；禁止开荒，压缩耕地面积；调整种植结构，增加节水作物种植面积；实现生活用水处理，水质达标；改善教育条件，减轻劳动力负担；改善交通状况，增加信息来源。

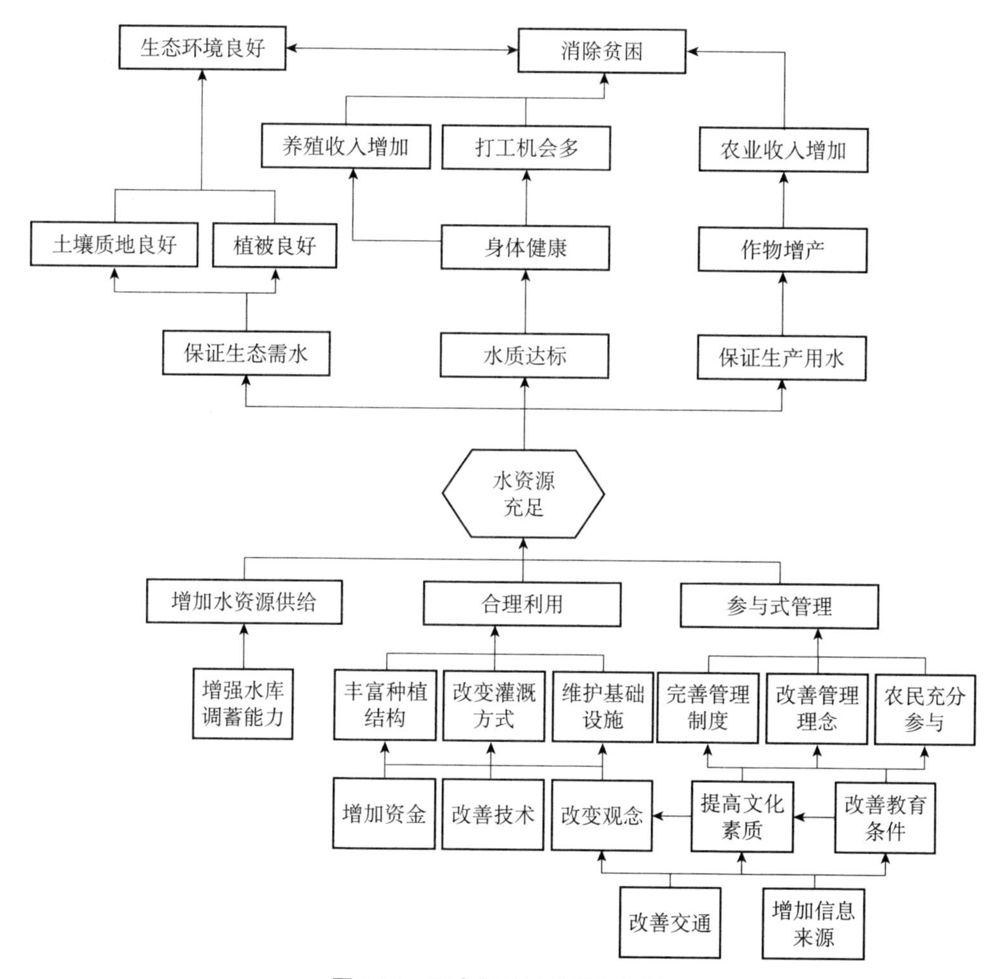

图 8-23　西大村社区发展目标树

8.4.4 适应性对策

1. 村民的建议

（1）解决生活用水。

村民非常关心生活用水的水质问题，虽然用水量有所保障，但水质太硬，水窖蓄水卫生条件不理想，长期使用会危害身体健康，村民建议政府和水资源管理部门能够关注这方面的问题。

（2）灌溉用水。

村民认为水库渗漏，蓄水能力差，灌溉用水不足导致作物减产，收入减少，是造成生活贫困的最主要原因。他们建议水管所积极向政府汇报情况，申请资金，由农民出工，修缮水库。

（3）水资源管理。

村民对目前灌溉用水管理普遍较满意，他们认为村委会工作人员每年组织村民清理渠系，向上级申请资金衬砌渠系，做得很好，对其工作比较满意。村民表示水费是新坝水管所的人员上门收取，配水也是上级的事，他们只能被动接受，不满意也没有办法，用水者协会基本没有作用，可见农民普遍认识不足。很多村民认为本村民风非常淳朴，像交水费之类的事都很自觉，轮流浇水矛盾很少。领导文化素质高，能为群众着想，办实事。而目前最主要的问题是水库渗漏，村里和水管所都没有能力解决这件事，需要国家政策扶持，希望国家政策能照顾到偏远地区的农民。

（4）经济发展。

农业收入是西大村最主要的收入来源，近几年由于春旱严重，灌溉用水不足，作物减产严重。村民曾尝试种植一些节水作物，如制种花卉、紫花草、马铃薯等，种植较晚，能避开春旱，但价格不稳定，如上一年紫花草效益很好，很多人都种了，结果当年没有人来收，价格也很低。此外，由于农田地块小，机械化程度低，劳动力负担重。建议政府能鼓励企业与农户合作，如推行“公司＋农户”模式，发展“订单”农业，降低农民的投资风险。建议政府积极推广新技术，提高机械化程度，提高生产效率，减轻劳动力负担。建议政府加大贷款发放比例和范围，鼓励发展养殖业，利用天然的草场资源，发展温室大棚花卉种植等项目，由一部分人带头拉动经济发展。

（5）完善道路网络。

西大村地处偏远地区，发展落后，交通不便让他们的发展雪上加霜，农作物运输不便，和外界交流不便。建议政府投资，村民出工，将西大村新坝乡政府的道路加宽并硬化。

（6）教育。

教育是目前村民最关心的问题，寄宿制学校学生和家长负担都很重，建议政府关注这方面的问题，能采取有效的办法，减轻学生的负担及家庭的劳动压力。

2. 参与式专家建议

（1）生活用水方面。

生活用水直接关系到村民的身体健康，影响生产生活，建议以新坝乡为单位，协调水资源管理部门，在水库附近建生活用水处理厂，借鉴农村自来水管理办法，一方面能为企业带来效益，更重要的是为整个山区农民提供安全的饮用水。

（2）修缮水库，增加蓄水量。

“十二五”期间及之后，国家对农村水利建设加大投资，甘肃省也在重点流域综合整治、大中型灌区节水改造、病险水库除险加固等项目上进行重点投资，因此应紧抓机遇，由用水者协会向上级主管部门积极申请资金，对水库进行维护和加固，增加蓄水量，保证来年灌溉需求，解决“卡脖子”旱的问题。

（3）严禁开荒，压缩面积。

近年来，西大村人口迁移现象非常普遍，由于灌溉不足，产量下降，农民为了弥补灌溉不足导致的损失，将原来弃耕的土地又重新开垦，通过开荒来增加耕地面积，导致有限的灌溉用水更加紧张，土壤沙化加速，造成生态破坏。建议村委会配合乡镇土地管理部门严格限制荒地开发，保证水土资源合理匹配。

（4）强化农民用水者协会职能。

积极宣传农民用水者协会相关制度和政策，增加村民对协会职能及管理服务的认识，提高参与水资源管理的意识和积极性。完善用水者协会运行和管理制度章程，确保农民公平、充分、积极地参与协会领导选举、政策制定、运行管理及监测评估的整个过程，重视特殊群体的公平参与，如妇女、老弱病残家庭、贫困户的参与。保持用水者协会在基础设施建设、水费收缴及纠纷解决中的良好绩效。建立透明公开的财务制度和绩效评估制度，增强农民对协会管理的满意程度及参与管理的信心。开展技术培训、科学管理等方面的培训活动，增强农民节约水资源和参与水资源管理的能力，提高水资源管理效率，充分发挥用水者协会的作用。

（5）经济发展。

实现收入来源多样化，种植和养殖业相结合，粮食和经济作物种植相结合，普通耕作方式和精细方式相结合。利用良好的资源优势，扩大养殖规模，增加养殖业收入，作为农业收入的补充。在传统的小麦、大麦等粮食作物的基础上，加大经济作物的比例，增加收入来源。在普通耕作方式的基础上，应用地膜、温室大棚等精细耕作方式，提高生产效率，提高收入水平。充分发挥社区组织和社区精英的作用，扩大农产品市场，采取“公司＋农户”的模式，引进公司带动贫困农户，保障农户的种植收入，降低投资风险。争取政府支持，在贷款申请、审批、发放、管理等方面给予大力支持。

（6）改善道路状况，增加信息渠道。

近年来，国家对基础设施的投资力度非常大，村社领导应广泛收集村民意见，讨论方案，积极争取交通建设项目，获取资金，对通往新坝乡的公路进行拓宽和硬化，缩小该村与中心镇及县城的时间距离。增加信息来源，通过报刊订阅、电视广播、网络等多渠道获取信息。2010年对村委会办公地点进行了翻修，专门设有“读书室”，应争取国家政策以及捐赠等渠道获取书刊杂项，方便村民学习，充分利用村委会的上网设备，鼓励村民利用手机网络获取最新信息，通过多渠道增加信息来源。

（7）教育减负。

西大村村民的受教育程度普遍较低，以小学及以下水平为主。目前最大的问题是由于学校合并，中小学生上学路程远，寄宿在新坝乡，由家长陪读。建议学校完善寄宿制度，建立学生宿舍和食堂，减轻学生和家庭负担。

（8）妇女及贫困问题。

西大村耕地面积大，妇女是农业生产的中坚力量，劳动强度大，负担重。建议相关部门关注她们的身体健康、生存状况和自身发展，帮助她们改善家庭生活。有针对性地推广、宣传和普及农业生产的新技术、新政策以及健康管理、家庭教育等方面的知识。

（9）对于贫困户的扶持。

其主要的贫困原因是因病、因学导致的劳动力、资金缺少。应加大对贫困户的扶持力度，通过国家扶贫资金和最低生活保障等渠道获取资金，在社区公共活动中给予照顾，如减轻出工出钱等任务，灌溉用水中给予更多倾斜，尽量满足他们的作物生长，保证基本生活需求。

8.5 自下而上水资源可持续利用管理的对策建议

8.5.1 农民的建议

农业是水资源消耗最大的产业，农民是节水型社会的主体，调查过程中，农民根据实际情况和切身体会对水资源利用管理提出了以下建议。

1. 增加地表水供给量

访谈和问卷调查中，农民最关注的问题是灌溉用水。近年来向下游分水，高台县农业生产和生态环境受到了很大影响。很多农民能理解向下游分水，但多质疑分水过多是否合适，农民认为中游的人吃饭和下游的生态环境同样重要，希望有关部门能够公平考虑用水问题，调整分水方案。

2. 促进地下水公平利用

农民反映，地下水开采也是迫不得已，因为河里水量小，不能眼看着庄稼被旱死。但近几年，地下水位下降，很多原来的井都抽不出水，新打井成本高，农民没钱投资。骆驼城乡等地方，地下水条件好，几家农户自己集资打井，用水充足，但浪费现象也严重，建议政府规范地下水管理，最好能统一管理，避免浪费。

3. 增大基础设施建设投资

农民反映干渠、支渠、斗渠衬砌较好，农渠和毛渠衬砌率低，渠系状况不好，渗漏现象严重，很多机井建设较早，现已废旧，无法正常发挥作用，水库破损现象在很多地方都存在，农民建议加大投资力度，衬砌灌溉渠系，一方面提高灌溉效率，减少渗漏；另一方面，流速加快，减少灌溉时间，尽快建设新的机井，他们表示如果政府投资更好，农民集资也可以接受。

4. 改变不合理的种植结构，给予相应的政策支持

政府提倡改变种植结构，减少高耗水作物的种植面积，如粮食作物，鼓励种植节水的经济作物，由于灌溉不足，农民也不得不这样做，近几年种植结构发生了明显变化。但农民表示，经济作物价格和市场不稳定，收入没有保障，如孜然，是耗水最少的作物，但价格波动特别大，投资风险大。农民建议：①政府给予补贴，鼓励农民种植节水型作物，为农民分担投资风险；②增加销售渠道，稳定市场价格，保障农民收入；③增加贷款数量和范围，增强农民抵御投资风险的能力。

8.5.2 水务局的建议

在小组访谈和讨论中，高台县水务局管理人员认为，不论是现状，还是未来发展，高台县都面临比较严重的缺水问题。随着人口增长和经济社会的快速发展，水资源短缺的矛盾将更加突出。在目前没有外来水源的情况下，现有的水资源量和用水配置模式，很难支撑未来经济社会的快速发展。为此，需要积极争取对黑河水资源重新合理配置，深入推进节水型社会建设，全面推广高效节水农业，加强水资源保护与管理，以确保水资源对未来经济社会快速、健康、可持续发展的支撑和保障。

1. 进一步优化黑河分水方案，合理配置黑河中下游水资源

敦促上级有关部门尽快调整黑河调度指标，优化调水曲线，将中游耗水指标从 6.3 亿 m^3 调整为 7.3 亿 m^3，并对超过 15.8 亿 m^3 的来水量“五五分成”，实现黑河水量长久稳定的调度目标。

转变黑河水量调度模式。协调有关部门尽快对黑河水量调度成果进行评估，合理确定下游的生态需水量，对现行黑河水量调度模式进行研究，针对下游生态明显恢复的实际，将现行的指标调度转变为生态调度，使黑河全流域团结治水、合理用水。

2. 深入推进节水型社会建设

确定合理的产业结构和农业种植结构。立足今后长远、持续发展，必须适当地改变农业大市的基本性质，按照“以水定产业、以水调结构、以水促发展”的理念，大力调整和优化产业结构布局，促进用水结构和生产方式根本性转变，因地制宜，优化农业内部种植结构，发展特色产业，使有限的水资源从高耗水、低效益，向高效益、低耗水转变，进一步降低第一产业比重和第一产业用水量，甚至逐步压缩承载第一产业的耕地面积，减轻水资源压力和土地压力，提高水资源的利用效益。

全面提升各行业节水水平。在加强宣传教育、提高全民节水意识的基础上，持续推进节水型社会建设向纵深发展。未来节水潜力主要在农业用水方面，节水工程投入是确保节水量的关键和根本。要多方筹措资金，增加农业节水投入，同时依托黑河综合治理项目，加大田间节水工程建设力度，落实总量和定额两套指标体系，大力发展节水型农业、高效设施农业，推广高效节水技术，彻底转变农业粗放经营模式，提升现代农业水平，充分挖掘节水潜力，实现农业高效率用水、高效益用水和农业用水量的负增长；工业用水方面，采用先进的节水工艺，提高水资源重复利用率和废污水处理回用率，限制高耗水生产线；生活用水方面，推广节水器具，扩大节水创建范围。通过加强全社会节水工作力度，全面提升各行业节约用水水平。

建立合理的水价机制。要加快水价改革步伐，合理调节水价，使之逐步趋近并达到成本水价，按照市场经济规律，有效发挥市场机制对水资源配置的基础性作用和水价在促进水资源高效合理利用中的经济杠杆作用，建立与市场经济相适应的水价机制。

3. 有效保护水生态环境

加强黑河上游水源涵养林保护力度。祁连山水源涵养林是全流域人民的生命线，是保持区域水资源稳定的重要因素，保护和建设水源涵养林，就是保护水资源。要采取强有力的保护措施，确保涵养林充分发挥涵养水源的重要作用。

切实保护黑河中游地区生态环境。要合理配置生态用水，加大绿洲生态农业建设，促进绿洲农业良性循环，保护和恢复湿地，稳定绿洲面积，扩大保护范围，遏制和扭转生态林退化、湿地萎缩、地下水位下降、土地沙化荒漠化等生态恶化趋势，提高生态承载能力。

充分考虑水资源利用的可持续性。在水资源利用中，必须尊重自然规律，发展经济要充分考虑水资源和水环境的承载能力，量水而行。既要满足当代人对水的需求，又要给子孙后代留下足够的生存和发展空间。在用水类别上，农业灌溉用水应尽可能以地表水供给；地下水应该优先满足城乡生活用水，并向产出效益高的第二、第三产业倾斜，要严格控制地下水开采量的增长速度。

4. 全面加强水资源统一管理

深化水利管理体制改革。从深化内部体制改革入手，着力破除影响水利发展的体制机制障碍，以黑河管理总站为主，联合甘州、临泽、高台三区县部分灌区，组建百万亩大型灌区，对工程控制范围内的水资源实行全面统一管理，形成现代化灌区管理体制；推进水利投融资体制改革，加快小型水利工程产权制度改革，严格实行水费经营性收费管理。落实相关政策，确保公益性水管单位“两费”到位。通过不断深化内部体制机制改革，建立水利事业发展的良性运行机制。同时，认真总结张掖市节水型社会建设、水量交易的实践经验，探索和完善水权转让的运行机制、管理体制和各项制度，积极探索水权转让的水资源利用科学模式。

强化地下水资源管理措施。加强机井审批管理，对全县地下水实行科学规划和统一开采管理，加强地下水开采井审批管理；全面开征农业灌溉地下水水资源费，遏制地下水开采量持续上升趋势；整顿和规范打井市场，有计划地推进地下水取水计量管理工作，科学限制机井开采量，严格实行地下水总量控制、定额管理。

严格实施取水许可制度。全面开展建设项目水资源论证工作，规范取水许可申请审批程序，严把取水许可水资源论证关，科学论证取水可行性、用水合理性，加强取水监督管理，控制用水需求过快增长。

8.5.3 参与式专家的建议

以社会生态经济可持续发展，提高福利为目标，根据集成水资源管理原则和手段，采用自上而下与自下而上的方法相结合，从以下方面促进高台县农村水资源管理可持续发展。

1. 优化地表水配置方案

从高台县整体来看，地处黑河中游下段，受黑河分水计划影响最大，水资源严重短缺，有关部门正计划申请修改分水方案和分水曲线，但这个愿望能否实现，还有待讨论。因此从现有的分水量来说，高台县应在调整完善供水机制，提高供水效率，从灌区、水管所、用水者协会和农户等各个尺度上，及时根据实际情况调整水资源供给时间和分配方式，如根据各灌区土壤类型、种植结构、用水户水权面积确定配水定额，使有限的地表水得到最合理的利用。

2. 合理开采地下水

由于地表水减少，为了保证灌溉用水被迫打井，目前地下水开采量已超出了允许开采量10%，水位下降幅度大，导致生态用水不足，湿地萎缩、植被退化现象日益严重。因此，应在黑河沿岸科学布井，有序开采地下水，同时加强对地下水的统一管理，加强机井审批管理，规范取水许可制度，对超采区域进行严格限制。

3. 进一步加强基础设施建设

近年来基础设施建设力度较大，取得了显著的成效。除此之外，应更进一步整治小型病险水库，除险加固，增加调蓄能力，解决工程型缺水问题。治理河道，衬砌干渠、支渠、斗渠，提高渠系用水效率。

4. 调整不合理的种植结构

根据农业生产情况和水资源时空分布，大力调整种植结构，调整夏秋作物种植比例，切实解决5～6月份苗灌期间“卡脖子”旱的问题。禁止开荒，压缩耕地面积，压缩玉米等高耗水作物种植面积，扩大制种等低耗水、高效益的作物种植面积。

5. 突出农民用水者协会的管理职能和服务职能

农民用水者协会的主要工作为配置水量、收缴水费、处理纠纷、基础设施维护等工作，为用水户提供管理服务，是联系水务机关与农民的纽带和桥梁。因此，应不断提供管理绩效和服务水平，突出其管理职能和服务职能，获得农民的认可，增加满意程度，调动农民参与协会的积极性和主动性。

6. 全民推进参与式水资源管理

通过社区选举产生协会领导，用制度保证用水户的知情权，与用水户利益相关的各种农村水利事务，如水情预报、分水计划、水费收支等方面，知情是参与的基础，也是参与的一种途径和方式。确保用水户参与和监督农村水利建设与管理的各个环节，从项目申请到规划方案设计都要听取用水户的意见，监督实施和监测评估都要有用水户代表参加，设施管理、水价测算、水费调整等都要广泛、充分征求用水户的意见。确保参与过程的公平和广泛性，正确认识妇女在水资源利用中的重要地位和水资源管理中的重要作用，保证贫困户在水资源利用和管理过程中的公平参与。通过培训，提高农民特别是协会骨干力量的参与能力，掌握参与式管理的基本原则和方法，提高参与式管理的能力。通过宣传，普及节水型社会建设、参与式水资源管理知识，建立节水意识和观念。

7. 加强水资源综合管理

水资源在社会经济发展和生态环境建设中发挥着重要作用，水资源管理应该渗透到社会经济发展相关部门，和土地利用、环境保护、经济建设、社会发展政策规划密切结合，通过水资源管理和调控，提高经济发展水平，促进社会和谐，建设良好的生态环境。

参考文献

布鲁斯·米切尔 . 2005. 资源与环境管理 . 蔡运龙，等译 . 北京：商务印书馆 .

曹茜，刘锐 . 2012. 基于 WPI 模型的赣江流域水资源贫困评价 . 资源科学，34（7）：1306-1311.

成诚，王金霞 . 2010. 灌溉管理改革的进展、特征及决定因素：黄河流域灌区的实证研究 . 自然资源学报，25（7）：1079-1087.

陈绍军，张春亮，黄煌 . 2011. 参与式发展理论在水库移民后扶项目中的应用初探 . 中国农村水利水电，6：165-168.

陈志凯，王维第，刘国伟 . 2004. 中国水利百科全书水文与水资源分册 . 北京：中国水利水电出版社 .

楚永生 . 2008. 用水户参与灌溉管理模式运行机制与绩效实证分析 . 中国人口资源与环境，18（2）：129-134.

崔凤垣，程深 . 1997. 妇女地位研究方法新探 . 妇女研究论丛，1：9-13.

杜鹏 . 2008. 公众参与在流域水资源集成管理中的理论、方法与实践——以黑河中游张掖市甘州区农民用水户协会为例 . 兰州：西北师范大学博士学位论文 .

高峰，等 . 2006. 黄土高原水土保持的参与式监测评估实践 . 人民黄河，28（1）: 69.

高台县统计局 . 2010. 高台县 2010 年统计年鉴 . 高台：高台县统计局 .

甘肃省水利厅 . 2013. 甘肃省水资源公报 . 兰州：甘肃省水利厅 .

甘州区统计局 . 2008. 高台县 2008 年统计年鉴 . 张掖：甘州区统计局 .

国家农业综合开发办公室 . 2006. 农民用水户协会理论与实践 . 南京：河海大学出版社 .

郭玲霞，等 . 2009. 妇女参与用水户协会管理的意愿及影响因素：以张掖市甘州区为例 . 资源科学，31（8）：1321-1327.

郝海广，等 . 2011. 农牧交错区农户作物选择机制研究 . 自然资源学报，26（7）：1107-1118.

贺缠生. 2012. 流域科学与水资源管理. 地球科学进展，27（7）：705-711.

何俊仕 . 2006. 水资源概论 . 北京：中国农业大学出版社 .

侯杰泰，温忠麟，成子娟 . 2004. 结构方程模型及其应用 . 北京：教育科学出版社 .

黄芳铭 . 2005. 结构方程模式：理论与应用 . 北京：中国税务出版社 .

柯新利，边馥苓 . 2010. 基于 C5.0 决策树算法的元胞自动机土地利用变化模拟模型 . 长江流域资源与环境，19（4）：403-408.

赖力 . 2009. 参与式扶贫与社区发展——贵州省两个扶贫发展项目的调查与思考 . 贵州财经学院学报，4：92-97.

李丁，王生霞，苗涛 . 2011. 生态脆弱地区生态农业模式的参与式发展研究与实践——以民勤县绿洲边缘区为例 . 干旱区地理，34（2）：337-343.

李琲 . 2008. 内蒙古河套灌区参与式灌溉管理运行机制与绩效研究 . 呼和浩特：内蒙古农业大学硕士学位论文 .

李永强 . 2006. 城市竞争力评价的结构方程模型研究 . 成都：西南财经大学出版社 .

李冬梅，等 . 2009. 农户选择水稻新品种的意愿及影响因素分析 . 农业经济问题，11：44-50.

李实 . 2001. 中国农村女劳动力流动行为的经验分析 . 上海经济研究，1：38-46.

李小建，等 . 2009. 不同环境下农户自主发展能力对收入增长的影响 . 地理学报，64（6）：643-653.

李小建 . 2010. 还原论与农户地理研究 . 地理研究，29（5）：767-777.

李小云 . 2001. 参与式发展概论：理论—方法—工具 . 北京：中国农业大学出版社 .

李小云 . 1999. 谁是农村发展的主体 . 北京：中国农业出版社 .

李亦秋 . 2004. 喀斯特石漠化地区参与式农村社区发展研究 . 贵阳：贵州师范大学硕士学位论文 .

李玉敏，王金霞 . 2009. 农村水资源短缺：现状、趋势及其对作物种植结构的影响 . 自然资源学报，24（2）：200-208.

刘昌明 . 2002. 水与可持续发展 . 地理教育，4：4-5.

刘昌明，王红瑞 . 2003. 浅析水资源与人口、经济和社会环境的关系 . 自然资源学报，18（5）：635-644.

刘洪彬，等 . 2012. 大城市郊区不同区域农户土地利用行为差异及其空间分布特征 . 资源科学，34（5）：880-889.

刘洪彬，等 . 2013. 大城市郊区典型区域农户作物种植选择行为及其影响因素对比研究 . 自然资源学报，28（3）：372-379.

刘静，等 . 2008. 中国中部用水者协会对农户生产的影响 . 经济学，2：465-480.

刘珍环，等 . 2013. 自然环境因素对农户选择种植作物的影响机制——以黑龙江省宾县为例 . 中国农业科学，46（15）：3238-3247.

路德珍 . 2000. 妇女参与：实现可持续发展重要途径 . 中国人口资源与环境，（10）：135-137.

姜秀花 . 2006. 生命健康领域性别平等与妇女发展指标研究与应用 . 妇女研究论丛，77：78-87.

凌宏城，等 . 1986. 家庭经济学 . 上海：上海人民出版社 .

潘护林 . 2009. 干旱区集成水资源管理绩效评价及其影响因素分析——以甘州区水资源管理为例 . 兰州：西北师范大学硕士学位论文 .

潘启民，田水利 . 2011. 黑河中游水资源 . 郑州：黄河水利出版社 .

彭建，周尚意 .2001. 公众环境感知与建立环境意识 . 人文地理，16（3）：21-25.

史春云，张捷，张宏磊 . 2008. 旅游学结构方程模型应用研究综述 . 资源开发与市场，24（1）：63-66.

史春云，张捷，尤海梅 . 2008. 游客感知视角下的旅游地竞争力结构方程模型 . 地理研究，27（3）：702-713.

石淑芹，等 . 2013. 社会经济因素对农户作物选择的影响机制研究 . 中国农业科学，46（15）：3248-3256.

石晓华 . 2003. 利用参与式农村评估方法研究农户的玉米生产行为 . 杭州：浙江大学硕士学位论文 .

史兴民，刘戎 . 2012. 煤矿区居民环境污染的感知研究 . 地理研究，31（4）：641-651.

谭琳 .1997. 女性、贫困与可持续发展——从里约到北京：性别视角的形成 .《外国社会科学》，5：78-81.

王济川，郭志刚 . 2001. Logistic 回归模型方法与应用 . 北京：高等教育出版社 .

汪力斌，姜绍静 . 2006. 性别平等指标体系研究 . 中国农业大学学报（社会科学版），2：24-28.

汪力斌 . 2007. 农村妇女参与用水户协会的障碍因素分析 . 农村经济，5：87-91.

汪力斌，薛姝 . 2003. 参与式农村评估培训手册 . 中国农业大学人文与发展学院国际农村发展中心 .

王琪延 . 2000. 中国城市居民生活时间分配分析 . 社会学研究，4：86-97.

吴斌，叶敬忠 . 2000. 国际发展项目的理论与实践——中德财政合作林业项目指南 . 北京：中国林业出版社 .

任晓冬，黄明杰 . 2001. 参与性在贵州自然保护领域中的应用与影响 . 贵州农业科学，9（2）：56- 58.

孙托焕 . 2004. 参与式监测评估是提高农村发展项目成效的重要步骤——山西省中德林业技术合作项目的调查与分析 . 林业与社会，12（1）：45.

余建英，和旭宏 . 2003. 数据统计分析与 SPSS 应用 . 北京：人民邮电出版社 .

王浩，王建华 .2012. 中国水资源与可持续发展 . 中国科学院院刊，27（3）：352-331.

王根绪，程国栋 . 1998. 近 50 年来黑河流域水文及生态环境变化 . 中国沙漠，18（3）：233 - 238.

王金霞，黄季焜，Scott R. 2004. 激励机制、农民参与和节水效应：黄河流域灌区水管理制度改革的实证研究 . 中国软科学，11：8-14.

汪侠，顾朝林，梅虎 . 2005. 旅游景区顾客的满意度指数模型 . 地理学报，60(5)：807-816.

王金霞，等 . 2011. 灌溉管理方式的转变及其对作物用水影响的实证 . 地理研究，30（9）：1683-1692.

王密侠，等 . 2005. 陕西关中灌区管理体制改革成效分析 . 节水灌溉，6：38-42.

王密侠，等 . 2007. 关中灌区农户生产投资与水费承受力研究 . 自然资源学报，22（1）：114-119.

吴文斌，等 . 2007. 基于 Logit 模型的世界主要作物播种面积变化模拟 . 地理学报，62（6）：589-598.

夏军，翟金良，占车生 . 2011a. 我国水资源研究与发展的若干思考 . 地球科学进展，26（ 9）：905-915.

夏军，刘春蓁，任国玉 . 2011b. 气候变化对我国水资源影响研究面临的机遇与挑战 . 地球科学进展，

26（1）：1-12.

夏天，等 . 2013. 家庭属性对农户选择种植作物的影响机制——以黑龙江省宾县为例 . 中国农业科学，46（15）：3257-3265.

杨立信，陈献耘，傅华 . 2012. 水资源一体化管理的理论与实践 . 郑州：黄河水利出版社 .

易丹辉 . 2008. 结构方程模式：方法与应用 . 北京：中国人民大学出版社 .

余强毅，吴文斌，唐华俊 . 2013. 基于农户行为的农作物空间格局变化模拟模型架构 . 中国农业科学，46（15）：3266-3276.

元昌安 . 2009. 数据挖掘原理与 SPSS Clementine 应用 . 北京：电子工业出版社 .

詹焱 . 2011. 社会性别视角下的法律分析 . 长春：吉林大学博士学位论文 .

曾群 . 2006. 国外水资源管理与可持续发展研究对我国的启示 . 资源环境管理与发展，4：19-22.

赵立娟，乔光华 . 2009. 农民用水者协会发展的制约因素分析 . 中国农村水利水电，11：16-21.

赵立娟 . 2009. 农民用水者协会形成及有效运行的经济分析：基于内蒙古世行三期灌溉项目区的案例分析 . 呼和浩特：内蒙古农业大学博士学位论文 .

张兵，等 . 2009. 农户参与灌溉管理意愿的影响因素分析：基于苏北地区农户的实证研究 . 农业经济问题，2：62-67.

张济世，等 . 2004. 黑河流域水资源生态环境安全问题研究 . 中国沙漠，24（4）：425 - 430.

张建东 . 2008. 参与式小流域治理管理研究及评价——以黄土高原沟壑区樊庄小流域为例 . 兰州：西北师范大学硕士学位论文 .

张凯 . 2006. 黑河中游地区水资源供需状况分析及对策探讨 . 中国沙漠，26（5）：842-848.

张莉，等 . 2013. 黑龙江省宾县农作物格局时空变化特征分析 . 中国农业科学，46（15）：3227-3237.

张利平，夏军，胡志芳 . 2009. 中国水资源状况与水资源安全问题分析 . 长江流域资源与环境，18（2）：116-120.

张陆彪，刘静，胡定寰 . 2003. 农民用水户协会的绩效与问题分析 . 农业经济问题，2：92-33.

张宁 . 2007. 农村小型水利工程农户参与式管理及效率研究：以浙江省为例的实证分析 . 杭州：浙江大学博士学位论文 .

张掖市水务局 . 2011. 张掖市 2010 年水利综合年报 . 张掖：张掖市水务局 .

张莹 . 2007. 社会性别视角应用研究 . 北京：知识产权出版社 .

钟方雷，等 . 2011. 黑河中游水资源开发利用与管理的历史演变 . 冰川冻土，33（3）：692-701.

中国工程院“21 世纪中国可持续发展水资源战略研究”项目组 . 2000. 中国可持续发展水资源战略研究综合报告 . 中国工程科学，2（8）：1-17 .

中国科学院水资源领域战略研究组 . 2009 . 中国至 2050 年水资源领域科技发展路线. 北京：科学出版社 .

钟太洋，黄贤金 . 2012. 非农就业对农户种植多样性的影响：以江苏省泰兴市和宿豫区为例 . 自然资源学报，27（2）：187-195.

周长城，姚琴 . 2004. 性别发展与全面小康指标体系 . 江苏社会科学，4：4-5.

周大鸣，秦红增 . 2003. 参与发展：当代人类学对“他者”的关怀 . 民族研究，5：44-50，108.

周大鸣，秦红增 . 2005. 参与式社会评估：在倾听中求得决策 . 广州：中山大学出版社 .

周剑，吴雪娇，李红星 . 2014. 改进 SEBS 模型评价黑河中游灌溉水资源利用效率 . 水利学报，45（12）：1387-1398.

周旗，郁耀闯 . 2009. 关中地区公众气候变化感知的时空变异 . 地理研究，28（1）：45-54.

朱慧，等 . 2012. 三工河流域油料作物的农户种植意愿影响因素分析 . 自然资源学报，27（3）：372-381.

Abdullaev I, et al. 2009. Participatory water management at the main canal: a case from South Ferghana canal in Uzbekistan. Agricultural Water Management, 96: 317-329.

Armitage D R, Hyma B. 1997. Sustainable community-based forestry development: a policy and program framework to enhance women’s participation. Singapore Journal of Tropical Geography,18:1-19.

Bogner F X. 2002. The influence of a residential outdoor education programme to pupil's environmental perception. European Journal of Psychology of Education, 12(1):19-34.

Chambers R. 1994a. The origins and practice of participatory rural appraisal. World Development, 22: 953-969.

Chambers R. 1994b. Participatory rural appraisal (PRA) : analysis of experience. World Development, 22: 1253-1268.

Chambers R. 1994c. Participatory rural appraisal (PRA) : challenges, potentials and paradism. World Development, 22: 1437-1454.

Cleaver F. 1998. Incentives and informal institutions: gender and the management of water. Agriculture and Human Values, 15: 347-360.

Cohen J M, Uphoff N T. 1977. Rural development participation : concepts and measures for project design, implementation and evaluation. Cornell University Rural Development Committee: Ithaca, NY.

De Brauw A, Huang J K. 2002. The evolution of China’s rural labor markets during the reforms. Journal of Comparative Economics, 30: 329-353.

Deere C D, Leon M. 1998. Gender, land, and water: from reform to counter-reform in Latin America. Agriculture and Human Values , 15:375-386.

Derman B, Hellum A. 2007. Livelihood rights perspective on water reform: reflections on rural Zimbabwe. Land Use Policy, 24: 664-673.

Diamond N, et al. 1997. A working session on communities, institutions and policies: moving from environmental research to results. Washington, D.C., www.oecd.org/dac/Gender/ pdf/wid993e. pdf.

Dube D, Swatuk L A. 2002. Stakeholder participation in the new water management approach: a case study of the Save catchment, Zimbabwe. Physics and Chemistry of the Earth, 27 : 867–874.

Dungumaro E W, Madulu N F. 2003. Public participation in integrated water resources management: the case of Tanzania. Physics and Chemistry of the Earth, 28: 1009–1014.

Dunlap R E, Mc Cright A M. 2008. A widening gap: republican and democratic views on climate change. Environment, 50: 26–35.

Ekasingh B, Ngamsomsuke K. 2005. A data mining approach to simulating farmers' crop choices for integrated water resources management. Environment Management, 77: 315–325.

Ekasingh B, Ngamsomsuke K. 2009. Searching for simplified farmers' crop choice models for integrated watershed management in Thailand: A data mining approach. Environmental Modelling & Software, 2: 1–8.

Engel U, Potshke M. 1998. Willingness to pay for the environment: social structure, value orientations and environmental behavior in a multi-level perspective. Innovation: The European Journal of Social Sciences, 11(3): 315–332.

Flynn J, Slovic P, Mertz C K. 2006. Gender, race and perception of environmental health risks. Risk Anayisis, 14(6):1101–1108.

Fong M, et al. 1996. Toolkit on gender in water and sanitation. Gender Toolkit Series No. 2, gender analysis and policy, poverty and social policy department, UNDP—world bank water and sanitation program, TWUWS, The World Bank, Washington, D.C..

Frija A, et al. 2009. Assessing the efficiency of irrigation water user' s association and its determinations: evidence from Tunisia. Irrigation and Drainage, 58: 538–550.

Funke N, Oelofse L S H H. 2007. IWRM in developing countries: lessons from the Mhlatuze catchment in South Africa. Physics and Chemistry of the Earth, 32: 1237–1245.

German L, Mansoor H. 2007. Participatory integrated watershed management: Evolution of concepts and methods in an ecoregional program of the eastern African highlands. Agricultural Systems, 94: 189–204.

Global Water Partnership (GWP). 2000. Integrated water resources management. TAC Background Paper No.4. GWP Secretariat, Stockholm.

Global Water Partnership Technical Committee. 2004. Catalyzing change: a handbook for developing integtated water resources management (IWRM) and water efficiency strategies. Global Water Paternership.

Global Water Partnership (GWP). 2004. Integrated water resources management (IWRM) and water efficiency plans by 2005.

Global Water Partnership (GWP). 2005. Catalyzing change: a handbook for integrated water resources management (IWRM) and water efficiency strategies. Technical Committee Background Paper No.5 GWP. DESA/DSD/2005/5.

GWA. 2003. Gender and water alliance: resource guide—Main streaming gender in water management. Version 2.1.

Hans A. 2001. Locating women's rights in the blue revolution. Futures, 33: 753–768.

Haffmam W E. 1980. Farm and off-farm work decisions: the role of human capital. Rev. Econ. and Statist, 62: 14–23.

Hellum A. 2006. Human rights encountering gendered land and water uses: family gardens and the rights to water in Mhondoro communal land. Human Rights, 22: 320–334.

Holte-McKenzie M, Forde S, Theobald S. 2006. Development of a participatory monitoring and evaluation strategy. Evaluation and Program Planning, 29: 365–376.

Hooper B P. 2005. Integrated river basin governance: learning from international experience. London: IWA Publishing.

Islam M S, Rana M M P, Ahmed R. 2014. Environmental perception during rapid population growth and urbanization: a case study of Dhaka city. Environ Dev Sustain, 16:443–453.

Jonker L. 2007. Integrated water resources management: the theory–praxis–nexus, a South African perspective. Physics and Chemistry of the Earth, 32 : 1257–1263.

Karahan O, et al. 2009. Assessing the efficiency of irrigation water user's association and its determinations: evidence from Tunisia. Irrigation and Drainage, 58(5): 538–550.

Krosnick J A, et al. 2006. The origins and consequences of democratic citizens'policy agendas: a study of popular concern about global warming. Climatic Change, 77: 7–43.

Lass D A, Gempesaw C M. 2005. The supply of off-farm labor: a random coefficients approach. American Agriculture Economic, 74 : 400–411.

Letcher R A, et al. 2006. An integrated modelling toolbox for water resources assessment and management in highland catchments: model description. Agricultural Systems, 89: 106–131.

Maganga F P, et al. 2002. Domestic water supply, competition for water resources and IWRM in Tanzania: a review and discussion paper. Physics and Chemistry of the Earth, 27: 919–926.

Makoni F S, Manase G, Ndamba J. 2004. Patterns of domestic water use in rural areas of Zimbabwe, gender roles and realities. Physics and Chemistry of the Earth，29: 1291–1294.

Manase G, Ndamba J, Makoni F. 2003. Mainstreaming gender in integrated water resources management: the case of Zimbabwe. Physics and Chemistry of the Earth, 28: 967–971.

Mariano M J, Villano R, Fleming E. 2012. Factors influencing farmers' adoption of modern rice technologies and good management practices in the Philippines. Agricultural Systems, 110: 41–53.

Marschke M, Sinclair A J. 2009. Learning for sustainability: participatory resource management in Cambodian fishing villages. Journal of Environment Management, 90: 206-216.

Mayoux L. 1995. Beyond naivety: women, gender inequality and participatory development. Development and Change, 26(2):235-258.

Mills B, Hazarika G. 2001. The migration of young adults from non-metropolitan counties. American Agriculture Economic, 3: 329-340.

Mosse D. 1994. Authority, gender and knowledge: theoretical reflections on the practice of participatory rural appraisal. Development and Change, 25:497-526.

Munasinghe. 1991. The price of water service in developing countries. Nature Resources Forum, 14:193-209.

Narayan D. 1995. The contribution of people's participation: evidence from 121 rural water supply projects. Washington, D.C.: The World Bank.

Pearse A, Stiefel S. 1979. Inquiry into participation: a research approach, Geneva: United Nations Research Institute for Social Development.

Peter G. 2006 .Gender roles and relationships: implications for water management. Physics and Chemistry of the Earth, 31: 723-730.

Prescott-Allen R. 2001. The wellbeing of nations. Washington, D.C.: Island press.

Qi S Z , Luo F. 2005. Water environmental degradation of the Heihe River basin in arid northwestern China. Environmental Monitoring and Assessment, 108 (1-3): 205-215.

Qiao G H, Zhao L J, Klein K K. 2009. Water user associations in Inner Mongolia: factors that influence farmers to join. Agricultural water management, 68: 822-830.

Quinn C H, et al. 2003. Local perceptions of risk to livelihood in semi-arid Tanzania. Journal of Environment Management, 68: 111-119.

Quisuimbing A R. 1994. Improving women’s agricultural productivity as farmers and workers. Washington, D.C.: World Bank Discussion, 37.

Reisinger Y, Turner L. 1999. Structural equation modeling with lisrel: application in tourism. Tourism Management , 20: 71-88.

Rocha K, et al. 2012. Perception of environmental problems and common mental disorders (CMD). Social Psychiatry and Psychiatric Epidemiology, 147:1675-1684.

Ruddell D, et al. 2012. Scales of perception: public awareness of regional and neighborhood climates. Climatic Change, 111: 581-607.

Savenije H H G, Van Der Zaag P. 2008. Integrated water resources management: concepts and issues. Physics and Chemistry of the Earth, 33: 290-297.

Seo N S, Mendelsohn R. 2008. An analysis of crop choice: adapting to climate change in south American farms.

Ecological Economics, 67: 109−116.

Shi X M, He F. 2012. The environmental pollution perception of residents in coal mining areas: a case study in the Hancheng mine area, Shaanxi province, China. Environmental Management, 50:505−513.

Sieber S S, Medeiros P M. 2011. Local perception of environmental change in a semi-arid area of Northeast Brazil: Anew approach for the use of participatory methods at the level of family units. Journal of Agricultural and Environmental Ethics, 24:511−531.

Simpson W, Kapitany M. 2005. The off-farm work behavior of farm operators. American Journal of Agricultural Economics, 65: 801−805.

SkalPe O. 2007. The CEO gender pay gap in the tourism industry evidence from Norvay. Tourism Management, 28: 845−853.

Swatuk L A, Motsholapheko M. 2008. Communicating integrated water resources management: From global discourse to local practice—chronicling an experience from the Boteti River sub-Basin, Botswana. Physics and Chemistry of the Earth, 33: 881−888.

Tan P N. 2006. Introduction to data minging. Posts & Teclocome Press, 103−120.

Thomas D S G, Sporton D. 1997. Understanding the dynamics of social and environmental variability: the impacts of structural land use change on the environment and peoples of the Kalahari, Botswana. Applied Geography, 17: 11−27.

Thomas H. 1994. Building gender strategies for flood control, drainage and irrigation in Bangladesh, 1993. in SIDA, workshop on gender and water resources management. Lessons Learned and Strategies for the Future, 12: 1−3.

UNDP, 1996, Gender equality and the advancement of women , 11:22.

United Nations Environment Programme(UNEP), 2004.Women and the environment. Policy Series.

Uysal ÖK, Atış E. 2010. Assessing the performance of participatory irrigation management over time: A case study from Turkey. Agricultural Water Management, 97:1017−1025.

Van Koppen B. 1998. More jobs per drop: targeting irrigation to poor women and men. Royal Tropical Institute, The Netherlands.

Van Wijk-Sijbesm C. 1998. Gender in water resources management, water supply and sanitation. Netherlands Delft: IRC International Water and Sanitation Centre.

Van Der Zaag P. 2005. Integrated water resources management: relevant concept or irrelevant buzzword? a capacity building and research agenda for Southern Africa. Physics and Chemistry of the Earth, 30: 867−871.

Warren D M. 1993. Using IK for agriculture and rural development: current issues and studies. Indigenous

Knowledge and Development Monitor, 1:7-10.

Xie M. Introduction to IWRM principles & applications (PPT). 2006. GEF IW:L /WBI/In Went IWRM Workshop, Nairobi, 29(2).

Yercan M. 2003. Management turning-over and participatory management of irrigation schemes: a case study of the Geediz River basin in turkey. Agriculture water management, 62: 205-214.

Yoon Y, Gursoy D, Chen J. 2001. Validating a tourism development theory with structural equation modeling. Tourism Management, 22 (4): 363-372.

Yu Q Y, et al. Global change component or human dimension adaptation? an agent-based framework for understanding the complexity and dynamics of agricultural land systems. Procedia Environmental Sciences, 2012, 13: 1395-1404.

Zoellner J, et al. 2012. Environmental perceptions and objective walking trail audits inform a community-based participatory research walking intervention. International Journal of Behavioral Nutrition and Physical Activity, 9:6.

Zwarteveen M. 1997. Water: from basic need to commodity: a discussion on gender and water rights in the context of irrigation. World Development, 25(8): 1335-1349.

附录Ⅰ　黑河中游农村水资源利用管理调查问卷

一、基本信息

1. 您的性别________；　　2. 年龄________；

3. 您的受教育程度是：（　　）

A. 没上过学　B. 小学　C. 初中　D. 高中或中专　E. 大专及以上

4. 您的健康状况是：（　　）

A. 很少生病　B. 半年一次　C. 三个月一次

D. 一个月一次　E. 长期生病

5. 您家 2009 年农业收入大概________元，总收入大概________元。

6. 您家现有________人，其中农业劳动力________人，14 岁以下和 65 岁以上共________人。

二、农业生产情况

7. 您家有耕地________亩，请将 2010 年种植情况填入下表：

作物种类	种植面积	灌溉次数	预期收入	实际收入	预期成本	实际成本

8. 2009 年，您主要种植哪些作物？

作物种类						
种植面积（亩）						

9. 如果河水灌溉减少一次，您会选择种植哪些作物？

作物种类						
种植面积（亩）						

10. 如果井水灌溉减少一次，您会选择种植哪些作物？

作物种类						
种植面积（亩）						

11. 您家有没有牲畜：________。 12. 您是否希望从事非农业劳动：________。

13. 您家是否有贷款：________，您是否愿意申请贷款________。

三、灌溉用水情况

14. 您家 2009 年支出水费共________元。

15. 您家耕地所用的灌溉用水中，河水（水库）占__________%，井水占________%。

16. 您家耕地距离渠系的距离远近？（ ）

近 1 2 3 4 5 远

17. 您家是否与其他人发生过用水矛盾？（ ）

没有 1 2 3 4 5 多次

18. 您认为有必要成立用水者协会进行灌溉管理吗？（ ）

没必要 1 2 3 4 5 非常必要

19. 您认为用水者协会主要做哪些工作，请列举 5 项。

____。

20. 您能说出您所在用水者协会的哪些领导？

会长____________________，副会长____________________________，

用水小组长____。

21. 目前的供水量能满足您灌溉需求的多少？（ ）

A. 20% B. 40% C.60% D.80% E.100%

22. 目前的供水及时程度如何？（ ）

A. 20% B. 40% C.60% D.80% E.100%

23. 您对用水设施如渠系等的修建和维护满意程度如何？（ ）

非常不满意 1 2 3 4 5 非常满意

24. 您对目前的水费满意程度如何？ (　　)

非常不满意　1　2　3　4　5　非常满意

25. 您所在的用水者协会财务公开程度是否满意？ (　　)

非常不满意　1　2　3　4　5　非常满意

26. 您对所在用水者协会的总体满意度如何？ (　　)

非常不满意　1　2　3　4　5　非常满意

27. 您是用水者协会管理人员吗？______，您是否愿意参与用水者协会管理工作？ (　　)

非常不愿意　1　2　3　4　5　非常愿意

28. 您认为自己能否胜任用水者协会的管理工作？ (　　)

根本不能　1　2　3　4　5　完全能够

29. 您是否支持鼓励家人参与用水者协会管理工作？ (　　)

坚决不支持　1　2　3　4　5　大力支持

附录Ⅱ　黑河中游性别平等与妇女参与水资源管理调查及访谈

1. 基本情况

性别______；年龄____；您上过几年学______；文化程度______；民族______；婚否______（配偶年龄_______；上过几年学________；文化程度______）；有____个孩子，最小的______岁。您家里男______人，女______人；常年从事农业劳动：男______人，女______人。

2. 以下活动平时由谁来做，A. 男人；B. 女人，请在横线上填如对应的选项：

外出打工或工作______；打水______；做饭______；洗碗______；洗衣服 ______；打扫卫生______；照顾小孩______；辅导孩子学习______；交水费______；家庭用水设施维护______；交流 / 学习节水知识______；教育孩子节约用水______；浇地______；参加用水户协会组织的活动______；村干部或用水户协会管理者______。

3. 请根据下图形式画出您和您丈夫 / 妻子的一日劳动图

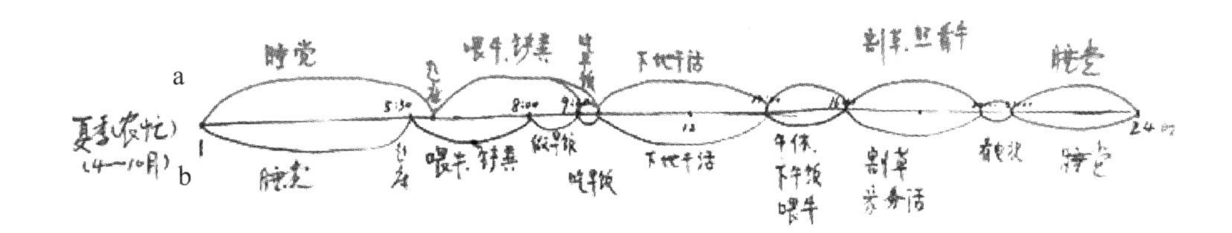

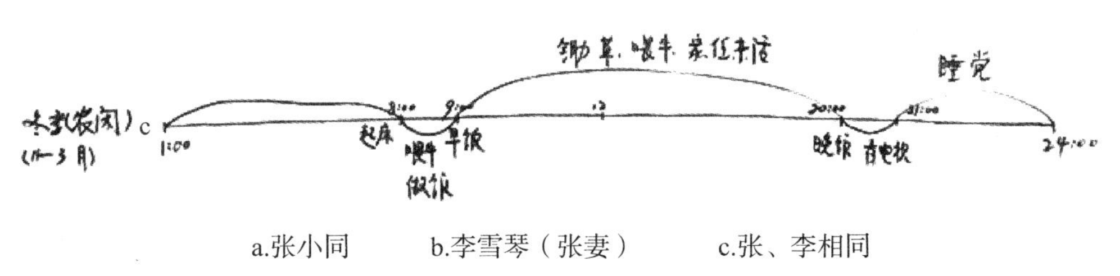

a.张小同　　　b.李雪琴（张妻）　　　c.张、李相同

夏季（农忙）

冬季（农闲）

附录Ⅲ　黑河中游性别平等与妇女参与水资源管理调查问卷

1 . 基本情况

（1）性别______；年龄____；您上过几年学______；文化程度______；民族______；婚否______（配偶年龄______；上过几年学______；文化程度______）；有____个孩子，最小的______岁。您家里男______人，女______人；常年从事农业劳动：男______人，女______人。

（2）您的健康状况如何？（　　）　您丈夫/妻子的健康状况如何？（　　）

A. 很少生病　B. 平均 3 个月一次　C. 一个月一次　D. 每两周一次

（3）您家里 2006 年总收入为____元，总支出____元。请将您家 2006 年收入和个人支出的情况填入下表（注：个人支出主要包括医疗费用，电话费，交通费用，服装，个人生活用品等个人消费）

家庭成员	收入来源	年收入（元）	支出项目	个人支出（元）
	打工收入		医疗费用	
	务农收入			
	其他收入			
	打工收入		医疗费用	
	务农收入			
	其他收入			

2. 生产活动：您家中男人和女人在以下生产活动过程的决策和参与中分别占了多大比例（%）

（注：生产投资指种植哪种农作物；生产投入指种多少，用多少种子，化肥，农药，花多少工；处置产品指产品的用途，如自己使用，还是出售；收入支配指出售产品获得的钱干什么）

作物类型	生产投资		生产投入		产品处置		收入支配	
	男	女	男	女	男	女	男	女

3. 目前家庭发展遇到的主要困难是哪些？（多选）　（　）

A. 缺少发展资金　B. 缺少技术　C. 缺少信息　D. 缺少劳力

E. 其他_______（请注明）

4. 您对目前经济状况的态度是？　（　）

A. 满意　B. 一般　C. 不满意　D. 难以维持正常生活

5. 您生产用水中遇到了哪些困难？（多选）　（　）

A. 水供应不及时　B. 灌溉渠系　C. 经常出现邻里纠纷

D. 灌溉成本高　E. 其他_______（请注明）

6. 您向协会反映以上问题了吗（　）？您认为用水者协会能解决这些问题吗（　）？

A. 反映了　B. 没反映　C. 能　D. 不能

7. 您了解用水者协会吗？　（　）

A. 非常熟悉，多次参与组织活动

B. 了解一点，知道它所做的主要工作

C. 听别人说过，但不知道具体是做什么的

D. 根本就不知道有用水者协会这个组织

8. 您参加过（　）次用水者协会组织的大会；您向协会提过（　）次意见，被采纳了（　）次。

9. 用水者协会的成立对您有什么好处？（多选）　（　）

A. 节省了灌溉时间和用工　B. 妇女不再夜间巡渠守水

C. 减少了用水量　D. 降低了灌溉成本

E. 灌溉更及时　F. 作物增产

G. 增加了收入　H. 改善了村组邻里关系

（如果您是女性，请看 10、11、12 题；如果您是男性，请直接看 13、14 题）

10. 如果有机会，您愿意担任用水者协会的管理工作吗？　（　）

A. 愿意　B. 不愿意

11. 如果让您参与用水者协会的管理将会有什么好处？（多选）　（　）

A. 增加收入　B. 提高自己的能力

C. 更加受人尊敬　D. 对人和蔼可亲，容易获得人们的信任

E. 工作细心，负责任　F. 有利于解决纠纷

G. 为妇女和贫困家庭着想　H. 减少男性工作量，他们可以外出打工

12. 您认为自己参与用水者协会的管理还存在哪些困难？（多选）（　　）

A. 文化素质低　　B. 身体不好

C. 家庭劳动繁重　　D. 家庭成员不支持

E. 没有机会参与　　F. 对自己没有信心

G. 其他＿＿＿＿＿＿（请注明）

13. 您认为自家妇女参与用水者协会的管理存在哪些困难？（多选）（　　）

A. 文化素质低　　B. 身体不好

C. 家庭劳动繁重　　D. 没有机会参与

E. 对自己没有信心　　F. 其他＿＿＿＿＿（请注明）

14. 愿意鼓励和支持您的家人（女性）参与用水者协会管理吗？（　　）

A. 大力支持　　B. 如果她们自己愿意，就支持　　C. 无所谓　　D. 反对

15. 贫困妇女参与用水者协会管理工作有可能帮助她们改善生活条件吗?请从下面的数字中选择一个合适的数字来表示（从 1 ～ 10 可能性是逐渐增加的）。

1　2　3　4　5　6　7　8　9　10

不可能 ←————————————————→ 可能

附录Ⅳ 黑河中游水资源利用管理半结构访谈提纲

一、县水务局、灌区

1. 水资源利用及管理发展的重要阶段。

2. 水资源利用及管理现状。

3. 水资源利用管理中存在的问题（对社会经济生态系统的影响）。

4. 水资源利用管理的时间和空间特征（最好和最差的灌区或村庄）。

5. 对水资源管理现状及看法（制度，组织形式，运转成效，存在问题，原因，如何解决），如何评价水资源管理制度，对公众参与，性别平等，贫困的理解。

二、胜利村、西大村农户

1. 村基本情况：资源，人口，文化，经济（基层官员，重要人物）

2. 个人和家庭基本情况（人口，关系，性别，年龄，受教育程度，健康状况，婚姻状况，职业）、生活生产现状（年收入来源：农，林，牧，务工，手工，贸易，运输，工资等。年支出去向：基本生活消费，生产开支及水费，教育，医疗等）。

3. 主要困难及关注的问题。

4. 生活用水基本情况及存在问题。

5. 生产用水基本情况及存在的问题，原因，如何解决。

6. 水资源管理方式的变化，产生的影响。

7. 自身对水资源利用管理问题的态度和希望。

8. 贫困户的问题。

9. 妇女问题。

附录Ⅴ　胜利村／西大村参与式水资源管理调查问卷

一、基本信息

1. 您的性别____；　　2. 年龄____；

3. 您的受教育程度是：（　　）

A. 没上过学　B. 小学　C. 初中　D. 高中或中专　E. 大专及以上

4. 您的健康状况是：（　）

A. 很少生病　B. 半年一次　C. 三个月一次

D. 一个月一次　E. 长期生病

5. 您家现有____人，其中农业劳动力____人，长年在外打工____人，14岁以下和65岁以上共____人。

6. 请将您家2009年收入和个人支出的情况填入下表：

收入来源	年收入（元）	支出项目	年支出（元）
农业收入		农业生产投资	
养殖业收入		农业生产投资中水费	
打工收入		教育支出	
其他收入		医疗支出	
		其他支出	
合计		合计	

二、农业生产情况

1. 您家有耕地____亩。2009年主要种植哪些作物，请填入下表：

作物种类						
种植面积（亩）						

2. 您家是否有农业贷款：____，您是否愿意申请贷款____。

3. 请将您家牲畜养殖情况填入下表：

名称						
数量						

4. 目前家庭发展面临的主要困难是什么？

____

5. 您现在最关心的事是什么？

____

6. 您对目前的经济状况的态度是：（　　）

（1）非常不满意 （2）不满意 （3）一般 （4）满意 （5）非常满意

7. 您家庭农业生产中的主要困难有哪些？（可多选）（　　）

A. 缺少耕地 B. 缺少劳动力 C. 缺少资金 D. 缺少技术 E. 缺少信息

F. 灌溉水源不足 G. 其他（请说明）______________。

三、灌溉用水情况

1. 目前的供水量能满足您灌溉需求的多少？（　　）

A. 20% B. 40% C.60% D.80% E.100%

2. 目前的供水及时程度如何？（　　）

A. 20% B. 40% C.60% D.80% E.100%

3. 您对用水设施如渠系等的修建和维护满意程度如何？（　　）

A. 非常不满意 B. 不满意 C. 一般 D. 满意 E. 非常满意

4. 您对目前的水费满意程度如何？（　　）

A. 非常不满意 B. 不满意 C. 一般 D. 满意 E. 非常满意

5. 您对所在的用水者协会账目公开程度是否满意？（　　）

A. 非常不满意 B. 不满意 C. 一般 D. 满意 E. 非常满意

6. 您对所在用水者协会的总体满意度如何？（　　）

A. 非常不满意 B. 不满意 C. 一般 D. 满意 E. 非常满意

7. 您是用水者协会管理人员吗？______，您是否愿意参与用水者协会管理工作？（　　）

A. 非常不愿意 B. 不愿意 C. 一般 D. 愿意 E. 非常愿意

彩　　图

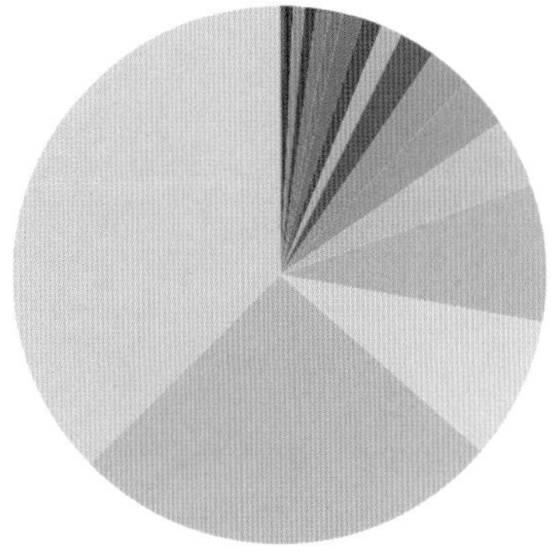
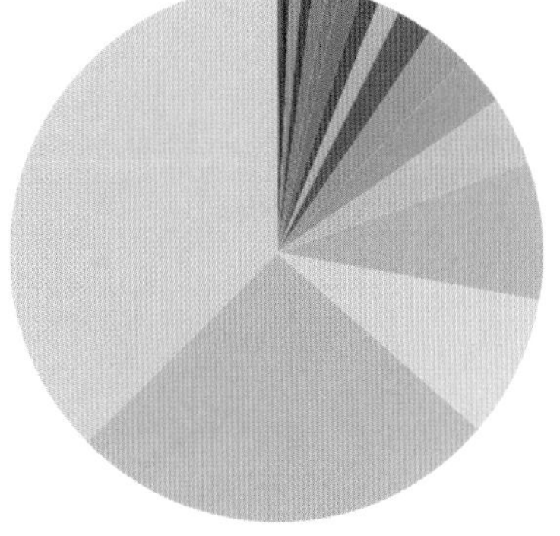

彩图 1　高台县种植结构

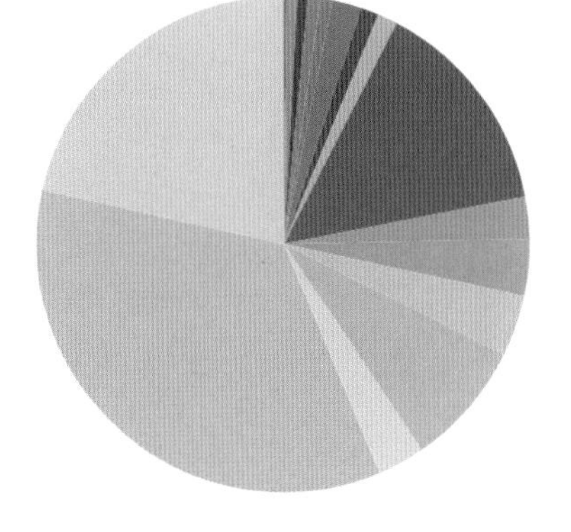

彩图 2　情景 1 中的种植结构

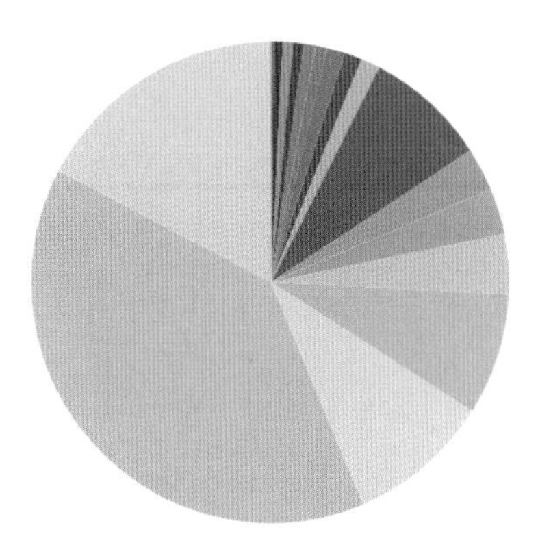

彩图 3　情景 2 中的种植结构

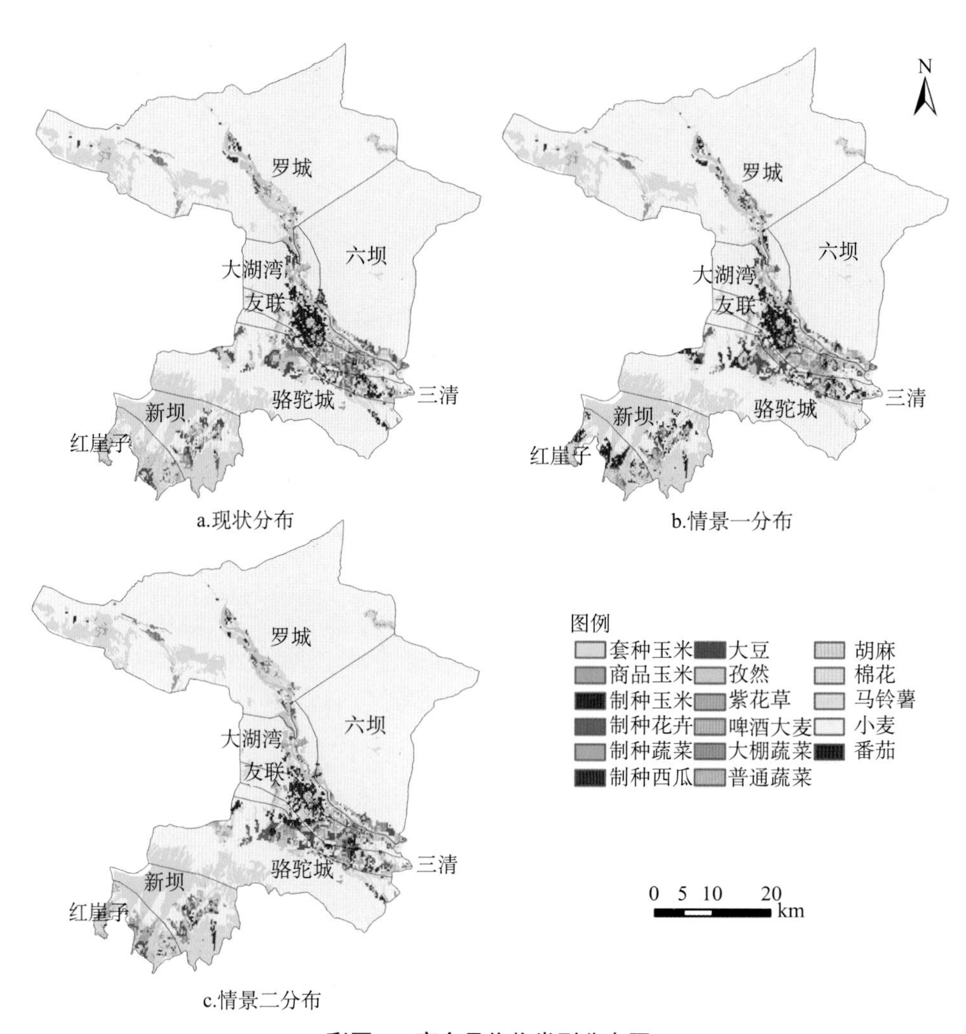

彩图 4　高台县作物类型分布图